建筑施工技术

周　威　主编

哈尔滨出版社
HARBIN PUBLISHING HOUSE

图书在版编目（CIP）数据

建筑施工技术 / 周威主编. -- 哈尔滨 : 哈尔滨出版社, 2024.1
ISBN 978-7-5484-7718-1

Ⅰ. ①建… Ⅱ. ①周… Ⅲ. ①建筑施工 Ⅳ. ①TU74

中国国家版本馆CIP数据核字(2024)第039416号

书　　名：建筑施工技术
JIANZHU SHIGONG JISHU

作　　者：周　威　主编
责任编辑：韩金华
封面设计：蓝博设计

出版发行：哈尔滨出版社（Harbin Publishing House）
社　　址：哈尔滨市香坊区泰山路82-9号　　邮编：150090
经　　销：全国新华书店
印　　刷：武汉鑫佳捷印务有限公司
网　　址：www.hrbcbs.com
E-mail：hrbcbs@yeah.net
编辑版权热线：（0451）87900271　87900272
销售热线：（0451）87900201　87900203

开　　本：787mm × 1092mm　1/16　印张：9.5　字数：220千字
版　　次：2024年1月第1版
印　　次：2024年1月第1次印刷
书　　号：ISBN 978-7-5484-7718-1
定　　价：68.00元

凡购本社图书发现印装错误，请与本社印制部联系调换。
服务热线：（0451）87900279

Preface 前言

随着城市化进程的不断推进和社会经济的飞速发展，建筑施工技术作为一个关键领域，扮演着塑造城市面貌和提升人居环境质量的重要角色。《建筑施工技术》课程的设计与实施旨在为学习者提供全面系统的建筑施工知识，使其能够深刻理解并灵活应用建筑工程的各个方面，从而在这个复杂而又充满挑战的领域中脱颖而出。

本课程分为八个模块，涵盖了建筑工程的方方面面，从行业概述到具体施工技术，再到可持续施工与环境保护，贯穿了整个建筑工程的生命周期。每个模块下分为不同的项目和思考题，旨在引导学生逐步深入理解、思考和实践，形成系统的知识结构。

模块一聚焦于建筑施工行业概述、建筑工程的生命周期及建筑工程中的职责和要求。这一模块的学习将为学生提供建筑行业的宏观视角，使其能够更好地理解和适应这一行业的运作机制。

模块二则深入建筑材料与工程技术领域，包括常用建筑材料及其特性、建筑工程施工技术及材料与工程技术的应用与创新。这一模块的学习将使学生对建筑材料的选择和施工技术的运用有更为深刻的认识，为未来的实际工作提供坚实基础。

模块三探讨建筑工程设计与规划，涉及建筑设计原理与流程、建筑规划与布局，以及可持续建筑设计与绿色建筑概念。这一模块旨在培养学生对建筑设计理念的理解，使其能够在设计与规划中考虑可持续性与环保因素。

模块四至模块七聚焦于施工技术与实践、施工技术创新与进步、施工技术质量与安全，以及项目管理与进度控制。通过这些模块的学习，学生将获得全面的施工管理技能，学习到最新的技术趋势、数字化建筑施工、智能化施工设备等方面的知识。

最后，模块八关注可持续施工与环境保护，从环保意识、节能施工技术到社会责任等方面进行探讨。这一模块的学习将使学生在实际工程中更加注重可持续发展和环保理念，为建筑行业的可持续发展贡献自己的力量。

通过《建筑施工技术》这一课程的学习，我们期待学生能够在理论知识和实际技能上都有所收获，成为在建筑施工领域具有专业素养和创新能力的人才。同时，希望本课程能够为相关领域的研究提供一定的学术价值，推动建筑施工技术的不断发展与进步。

Contents 目 录

模块一　建筑工程概论 …… 1

项目一　建筑施工行业概述 …… 1

项目二　建筑工程的生命周期 …… 4

项目三　建筑工程中的职责和要求 …… 13

思考题 …… 17

模块二　建筑材料与工程技术 …… 18

项目一　常用建筑材料及其特性 …… 18

项目二　建筑工程施工技术 …… 23

项目三　建筑材料与工程技术的应用与创新 …… 28

思考题 …… 30

模块三　建筑工程设计与规划 …… 31

项目一　建筑设计原理与流程 …… 31

项目二　建筑规划与布局 …… 37

项目三　可持续建筑设计与绿色建筑概念 …… 42

思考题 …… 46

模块四　施工技术与实践 …… 47

项目一　施工技术概述 …… 47

项目二　施工流程与方法 …… 50

项目三　施工现场管理与协调 …… 55

思考题 …… 63

模块五　施工技术创新与进步……65
项目一　最新施工技术趋势……65
项目二　数字化建筑施工……68
项目三　智能化施工设备与机械……79
思考题……84

模块六　施工技术质量与安全……85
项目一　施工质量管理……85
项目二　安全施工标准与实践……91
项目三　施工过程风险管理……94
思考题……101

模块七　项目管理与进度控制……102
项目一　施工项目计划与执行……102
项目二　施工进度与资源管理……106
项目三　施工项目风险与延迟……109
思考题……117

模块八　可持续施工与环境保护……119
项目一　环保意识与可持续施工……119
项目二　节能施工技术与绿色建筑设计……126
项目三　社会责任与可持续项目……134
思考题……144

参考文献……145

模块一　建筑工程概论

项目一　建筑施工行业概述

一、行业发展历程

（一）早期阶段

1. 古代文明时期建筑施工

在古代文明时期，建筑施工主要依赖手工劳动，技艺传承于家族或师徒系统。建筑材料主要包括石材、木材等天然材料，而施工工具则以简单的手工工具和基本机械为主。建筑形式受限于当时的技术水平，多以简单的居住建筑为主，如原始住房和宗教建筑。

2. 材料和工艺的局限

古代建筑施工由于技术水平有限，建筑材料和工艺相对简单。建筑师和工匠主要依赖于传统的经验和手工技能，建筑质量和设计水平受到局限。然而，在这个阶段，建筑开始成为文明的象征，体现着当时社会的技术和文化水平。

（二）工业化时代

1. 工业革命对建筑施工的影响

随着工业革命的到来，建筑施工行业经历了巨大的变革。机械设备、钢铁结构等现代化技术开始被引入建筑领域。这一时期的建筑施工逐渐从传统工艺向工业化和规模化发展，这使得建筑的高度和复杂度大幅提升。

2. 城市化推动建筑业的蓬勃发展

城市化进程是工业化时代建筑施工行业蓬勃发展的重要动力。城市的快速发展推动了各类建筑项目的兴建，包括住宅、商业、基础设施等。建筑施工规模扩大，行业需求急剧增加，各类专业工种和技术开始细分和专业化。

（三）当代技术革新

1. 信息技术与数字化手段的引入

20 世纪末至 21 世纪初，信息技术和数字化手段的引入使建筑施工进入智能化时代。BIM 技术、无人机、传感器等先进技术的应用不断扩展，这使得施工过程更加精密、高效。数字化手段的广泛应用促使建筑行业实现了从传统到现代的全面升级。

2. 数字化转型推动行业发展

数字化手段的广泛应用使得建筑施工行业实现了数字化转型。项目管理、设计、施工过程中的信息共享和协同工作变得更加高效。建筑信息模型（BIM）的应用为设计和施工带来了全新的思路，成为项目全生命周期管理的核心工具。

（四）现代可持续发展

1. 转向可持续发展

近年来，建筑施工行业逐渐转向可持续发展方向。绿色建筑、节能材料、循环经济等概念受到重视。建筑业开始更加关注环境保护、社会责任，并逐步形成了可持续发展理念。

2. 绿色建筑的崛起

绿色建筑概念的崛起是可持续发展的一部分。建筑施工开始注重降低对环境的影响，采用更环保的建筑材料和技术。节能、减排、循环利用等原则被纳入建筑设计和施工的全过程中。

二、行业结构与特点

（一）产业链条

1. 建筑施工行业的广泛涵盖

建筑施工行业的产业链条涵盖了多个子领域，包括但不限于土木工程、建筑工程、装饰装修、电气工程等。这些子领域形成了一个庞大而复杂的产业链条，构成了整个建筑施工行业的基础框架。

（1）土木工程

土木工程作为建筑施工的基础领域，涵盖了道路、桥梁、隧道等基础设施建设，其特点在于工程规模较大，对地质、水文等因素的要求较多。

（2）建筑工程

建筑工程是建筑施工的核心领域，包括住宅、商业、工业厂房等建筑物的兴建。在建筑工程中，设计、施工、材料选用等方面需要协同作业，形成高度组织化的工作流程。

（3）装饰装修

装饰装修是建筑施工中的一个细分领域，涉及室内外的设计和装饰工作。这包括了家居装修、商业空间设计等，注重美学和功能性的结合。

（4）电气工程

电气工程主要涉及建筑中的电力系统、照明系统、通信系统等方面。这一领域的技术要求较高，需要专业的电气工程师和技术人员参与。

2. 产业链条的分工细致

建筑施工行业的产业链条中，各个子领域之间形成了明确的分工。不同专业之间的协同作业使得整个施工过程更为高效，各环节的专业人才能够充分发挥自身优势，推动项目的顺利进行。

（二）人力资源

1. 多层次的人才需求

建筑施工行业对人才的需求呈现多层次的特点。一方面需要熟练的施工工人，他们具备丰富经验和技艺；另一方面，需要高素质的工程管理人员和设计师，他们能够在项目的不同阶段发挥关键作用。

（1）熟练工人

熟练工人在具体施工中起着至关重要的作用。他们熟悉各种施工工艺，能够高效地完成具体施工任务，是建筑施工的基础力量。

（2）工程管理人员

工程管理人员需要具备专业的管理知识和丰富的实践经验。他们负责项目的组织和协调，确保施工过程按照计划进行，同时负责资源的合理调配。

（3）设计师

设计师在建筑施工行业中发挥着创意和规划的作用。他们参与建筑的初期设计阶段，通过对空间、功能和美学的考量，为项目注入独特的设计理念。

2. 人才培养和流动

建筑行业的人才培养和流动至关重要。在不断发展和变革的行业中，需要有系统的培训计划，使新一代的建筑从业者能够适应新的技术和管理模式。同时，人才的流动也推动行业知识和经验的传承，推动行业的不断创新。

（三）技术密集度

建筑施工是一个多学科交叉的行业，技术密集度较高。施工过程涉及土木工程、结构工程、电气工程等多个专业领域，需要各专业人才密切合作。

（1）施工工艺的不断创新

建筑施工工艺方面的不断创新推动了行业的进步。新的施工方法、材料的应用及施工工艺的优化使得施工效率和质量得到提升。

（2）工程管理的先进技术

在项目管理方面，先进的信息技术和项目管理工具的应用提高了项目的管理水平。BIM技术的使用使得建筑设计和施工之间的协同更加紧密。

（3）新材料的广泛应用

新型建筑材料的广泛应用是建筑施工技术不断更新的重要方面。这些材料具有更好的性能、更轻的重量、更环保等特点，推动了建筑行业朝着更加可持续的方向发展。

三、行业未来趋势

（一）智能化与数字化

未来建筑施工行业将更加智能化，人工智能的广泛应用将使施工过程更加高效。自动化和智能机器人将在施工现场承担更多任务，从而减少人为错误和提高工作效率。

1. 自动化施工方法与流程

智能化的施工方法包括自动化施工流程的设计和实施。例如，无人操作的建筑设备和机械将更加普及，减少了人为操作的风险，提高了工作的安全性。

2. BIM 技术的全面应用

建筑信息模型（BIM）技术将在未来更加全面地应用于建筑施工中。BIM 不仅仅是设计工具，还能在整个建筑生命周期中提供信息支持，包括施工阶段的协同设计和管理。

3. 智能化管理与组织

智能化的管理与组织将成为未来建筑施工的重要趋势。智能化的项目管理系统将帮助实现施工过程中的优化协同，提高团队协作效率，减少沟通成本。

（二）可持续发展

未来建筑施工行业将更加注重可持续发展。新型建筑材料的研发和广泛应用将推动建筑业朝着更环保、资源可再生的方向发展。同时，绿色技术的应用将减少施工对环境的影响。

1. 新型建筑材料的发展

未来建筑材料将更加注重环保、节能和可持续性。例如，利用再生材料、生物材料等，减少对传统资源的依赖，推动建筑业的可持续发展。

2. 绿色建筑技术的应用

绿色建筑技术包括节能、环保、生态友好等方面的创新。未来，建筑施工将更加关注绿色建筑认证，采用更多的绿色技术，如太阳能利用、雨水收集等。

3. 循环经济理念的推动

循环经济理念将在建筑施工中得到更加广泛的应用。通过废弃物的回收利用和资源的再利用，建筑业将减少对新资源的依赖，实现更为可持续的发展。

（三）国际化合作

未来建筑施工行业将更加倾向于国际化合作。国际标准和规范的融合将带来更高水平的建筑质量和更为高效的施工流程。这也将使得建筑业在国际市场更具竞争力。

1. 项目管理的国际化

国际合作将促使项目管理更趋国际化。建筑施工项目的执行需要考虑跨国合作的特点，包括不同国家的法规、文化、工程管理模式等因素。

2. 跨国企业间的技术共享

建筑施工行业的国际化合作将促进跨国企业间的技术共享。先进的施工技术、管理经验将得到更广泛的传播，推动全球建筑业的共同发展。

3. 国际化团队的协同工作

在国际化合作中，建筑施工团队将更加多元化。来自不同国家和文化背景的专业人才将组成国际化团队，共同协作完成复杂多样的建筑项目。

项目二　建筑工程的生命周期

一、项目启动与规划阶段

（一）项目启动

1. 项目可行性研究

项目启动的首要任务是进行项目可行性研究。这包括对项目的市场需求、投资回报、社会影响等因素的全面评估。通过市场调查、经济分析、风险评估等手段，确保项目在经济和社会层面上是可行的。

（1）市场调查与需求分析

通过对目标市场的调查，了解项目所处行业的现状和未来趋势。

分析项目的产品或服务在市场上的需求情况，确保项目有足够的市场潜力。

（2）投资回报评估

进行项目的投资估算，包括建设成本、运营成本等。

计算投资回报率和财务内部收益率，评估项目的经济效益。

（3）社会影响评估

评估项目对社会的影响，包括对就业、环境、文化等方面的影响。

制订相应的社会责任计划，确保项目对社区有积极的贡献。

2.投资估算与预算制定

项目启动阶段需要对投资进行估算，明确项目的经济规模和投入。这涉及对建筑材料、劳动力、设备、技术等方面的详细成本进行估算。

（1）建筑材料成本估算

对项目所需的建筑材料进行调查和价格分析，确保估算的准确性。

（2）劳动力成本估算

评估项目所需的人力资源，包括工程师、技术人员、劳动工人等。

根据当地的劳动力市场情况，进行成本估算。

（3）设备与技术成本估算

考虑到项目所需的先进技术和设备，进行成本估算，确保项目具备必要的工程技术支持。

3.项目定位与战略规划

项目启动阶段需要明确项目的定位和发展战略。这包括项目的核心竞争力、市场定位、目标客户、发展战略等方面的规划。

（1）项目的核心竞争力

确定项目的独特卖点和核心竞争力，以区别于竞争对手。

（2）市场定位与目标客户

定义项目的目标市场，并制定相应的市场推广策略。

确定目标客户群体，了解他们的需求和期望。

（3）发展战略规划

制定项目的发展战略，包括短期和长期的规划目标。

分析潜在的市场机会和风险，制定相应的战略应对方案。

（二）规划阶段

1.项目总体规划

在规划阶段，项目总体规划将成为项目的蓝图。这包括对项目整体结构、功能布局、规模等方面的详细规划。

（1）总体规划设计

通过与设计师和工程师的密切合作，设计项目的总体规划。

包括项目的建筑风格、外观设计、空间布局等方面的决策。

（2）土地利用规划

对项目所在土地的利用进行规划，确保最大限度地发挥土地的效益。

遵循城市规划和土地法规，确保规划的合法性和可行性。

2. 相关法规调研

项目启动与规划阶段需要对相关的法规进行调研，这包括对建筑法规、环保法规等方面的了解。

（1）建筑法规遵从性

确保项目设计符合当地的建筑法规和标准。

与相关建筑主管部门协商，确保项目的设计方案能够获得批准。

（2）环保法规调研

分析项目对环境的影响，确保项目的环保合规性。

制订环保计划，确保项目在建设和运营过程中符合相关环保法规。

3. 专业技术分析

在规划阶段，进行专业技术分析是确保项目成功实施的关键。这包括对土地特征、环境影响、工程可行性等方面的深入分析。

（1）地质勘测

进行详细的地质勘测，评估土地的地质特征，以确定建筑设计和基础工程的可行性。

（2）环境影响评价

进行全面的环境影响评价，分析项目对周边环境的潜在影响，确保项目在环境方面的可持续性。

（3）可行性研究

对项目的技术可行性进行研究，考虑使用的建筑材料、施工工艺等方面的技术问题。

4. 制定详细规划和方案

在规划阶段，需要制定详细的规划和方案，为项目的后续实施提供指导。

（1）建筑设计初步方案

制定初步的建筑设计方案，包括建筑外观、内部空间布局等方面的设计。

（2）土地利用规划

制定详细的土地利用规划，包括项目内各功能区的划分和设计。

（3）法规遵从性方案

制定符合法规的项目实施方案，确保项目的合法性和可行性。

（三）专业技术分析

1. 地质勘测

在项目启动与规划阶段的专业技术分析中，地质勘测是一个至关重要的环节。

（1）地质勘测的目的

了解项目所在地的地质特征，包括土壤类型、地下水位、地层结构等。

确定地质条件对建筑结构和基础工程的影响，为工程设计提供依据。

（2）调查方法与工具

使用地质雷达、钻探等工具，深入了解地下情况。

分析勘测数据，制作地质图和地质报告，为项目的后续设计和实施提供重要信息。

（3）风险评估与应对措施

根据地质勘测结果，评估地质风险，包括地震、滑坡、泥石流等。

制定相应的工程设计和建设方案，以减轻可能的地质风险。

2. 环境影响评价

环境影响评价是规划阶段的重要任务，旨在评估项目对周边环境的潜在影响，确保项目在环保方面的可持续性。

（1）评估内容

分析项目对大气、水体、土壤等方面的影响。

考虑项目可能产生的噪声、振动、化学物质排放等环境污染。

（2）可持续性考虑

提出可持续发展建议，包括节能减排、资源循环利用等方面的建议。

制订环保计划，确保项目的建设和运营过程符合相关的环保法规。

3. 可行性研究

在项目启动与规划阶段，进行可行性研究是为了评估项目的技术可行性，确定项目的实施方向。

（1）技术可行性评估

考虑使用的建筑材料、施工工艺、先进技术等方面的技术问题。

分析项目的技术难点和风险，提出解决方案。

（2）项目实施方案

制定项目的详细实施方案，包括工程进度计划、技术路线等。

确保项目的实施过程能够达到预期的技术目标。

二、设计与招标阶段

（一）建筑设计

建筑设计阶段是整个建筑工程过程中的关键环节，它直接影响到建筑最终的外观、结构、功能等多个方面。在这个阶段，各类专业人才协同合作，通过创意、技术和规划，为项目提供初始的设计蓝图。

1. 设计团队的协同工作

建筑设计是一个多专业、综合型的工作，需要建筑师、结构工程师、电气工程师等多个专业领域的专业人才协同工作。他们需要密切合作，确保设计方案既满足审美需求，又符合结构和技术上的可行性。

（1）建筑师的角色

提供创意和艺术方面的指导，确定建筑的外观和风格。

考虑空间布局，以满足建筑的功能需求。

（2）结构工程师的职责

分析建筑的结构需求，确保建筑在力学上是稳定和安全的。

与建筑师协商，确保结构设计与建筑外观的协调一致。

（3）电气工程师的任务

设计建筑的电气系统，确保灯光、电力等设施的合理布局和安装。

2.设计图纸的详细要求

在建筑设计阶段，设计图纸是设计团队将设计理念具体呈现的媒介，它应包括建筑的外观、结构和空间布局等方方面面的详细信息。

（1）建筑外观设计图

包括建筑的立面、剖面、透视图等，以呈现建筑的外观特征。

描述建筑的材料、颜色、质感等，以传达设计理念。

（2）结构设计图

包括建筑的结构布局、承重墙、柱、梁等结构元素的详细设计。

标注结构材料、尺寸、强度等信息，确保结构的稳定性和安全性。

（3）空间布局设计图

描述建筑内部空间的布局，包括房间功能、通道、楼梯等。

考虑人流、采光、通风等因素，以提高空间的舒适性。

（二）招标准备

1.编制招标文件

招标文件的编制是确保招标过程顺利进行的重要步骤。招标文件应当包括建筑设计的所有方面，以便潜在的承包商能够充分理解项目的要求。

（1）技术规范

包括建筑结构、电气系统、给排水系统等方面的技术要求。

描述设计图纸中的技术细节，确保承包商理解设计师的意图。

（2）工程量清单

列举工程中所需的所有材料和工作量。

包括建筑材料、施工工艺、人工费用等，为承包商提供报价的依据。

（3）招标文件说明

解释招标文件中的技术规范和工程量清单，确保承包商对文件的理解一致。

（4）图纸和设计文件

提供建筑设计的详细图纸，确保承包商了解建筑的设计要求。

包括建筑外观、结构设计、空间布局等方面的图纸，以便承包商理解项目的整体构想。

（5）招标文件格式

确定招标文件的格式，以方便承包商查阅。

在文件中明确各项内容的排列和编号，确保文件的清晰度和易读性。

2.招标公告的发布

发布招标公告是吸引潜在承包商参与投标的重要途径。招标公告应当包括项目的基本信息、投标要求、截止日期等关键信息。

（1）项目基本信息

介绍项目的名称、地点、规模等基本信息，引起承包商的兴趣。

突出项目的特色和亮点，提高项目的吸引力。

（2）投标要求

明确投标的基本要求，包括承包商的资质、经验、技术水平等。

提供投标文件的获取方式和截止日期，确保承包商按时提交投标文件。

（3）截止日期

确定承包商提交投标文件的截止日期和时间。

提供提交地点和方式，确保承包商能够方便地完成投标过程。

3.承包商的筛选

在招标过程中，对承包商进行有效筛选是确保最终选择到合适承包商的重要步骤。这包括对承包商的资质、经验、信誉、口碑等方面进行综合评估。

（1）资质要求

确定承包商需要具备的资质和证书，以确保其有能力完成项目。

对承包商的注册资本、工程业绩等方面进行核查，以确定其财务实力。

（2）经验评估

考察承包商过往的类似项目经验，了解其在相关领域的实际施工情况。

可通过查阅业绩资料、参观过往工程现场等方式进行评估。

（3）信誉和口碑

调查承包商的信誉和口碑，了解其与业主、设计师、其他合作伙伴的合作情况。

可以通过参考信和面谈等方式获取相关信息。

4.招标过程

（1）投标文件的提交

在招标过程中，承包商需要根据招标文件的要求，提交完整的投标文件。这是承包商向业主展示其能力和意向的关键步骤。

（2）文件准备

确保投标文件中包含了所有必需的材料，如技术方案、报价单、资质证明等。

注意文件的完整性和规范性，确保业主能够准确理解承包商的报价和承诺。

（3）报价单的编制

在投标文件中提供详细的报价单，包括对各项工程的费用估算。

报价应清晰明了，以方便业主进行比较和评估。

5.招标评审

招标评审是业主选择承包商的决策过程。评审团队将根据一定的标准和程序对各家承包商的投标文件进行评估。

（1）资质评估

检查承包商的资质证明，确保其满足项目的基本要求。

核查承包商的注册资本、人员结构等，以评估其实力和能力。

（2）经验和业绩评估

对承包商的过往项目经验和业绩进行评估，了解其在相关领域的实际施工情况。

（3）技术方案的评估

仔细审查承包商的技术方案，确保其理解和符合设计要求。

考察技术方案中的创新和解决方案，评估其在实际工程中的可行性。

（4）报价分析

分析承包商的报价单，确保报价清晰、明了、合理。

比较各家承包商的报价，结合其技术方案和资质，进行全面的成本效益分析。

三、施工与监管阶段

（一）施工准备

1. 现场布置

（1）现场选址

在施工准备阶段，精细选择施工现场，考虑地质条件、环保要求、交通便利性等因素，确保施工过程的顺利进行。

（2）施工场地规划

进行详细的场地规划，包括施工区域划分、施工设施摆放、人员流线等，以最大程度地优化施工效率。

（3）施工设备准备

确定所需施工设备清单，进行设备调配和检查，确保设备完好无损，达到安全、高效的施工要求。

（4）施工材料采购

制定施工材料清单和采购计划，确保施工过程中的物资供应充足、质量可控。

（5）施工人员培训

组织施工人员的培训，包括安全培训、工艺培训等，增强员工的专业素养和安全意识。

2. 施工计划制订和审批

（1）初步施工计划

根据项目要求和工程特点，制订初步的施工计划，明确施工的主要阶段和节点。

（2）安全计划编制

编制安全计划，考虑施工过程中可能出现的安全隐患，采取相应的预防和处理措施。

（3）施工计划审批

提交施工计划和安全计划进行审批，确保计划符合法规和项目要求，得到相关部门的批准。

（二）实际施工

1. 基坑开挖

（1）基坑测量

进行基坑的测量工作，确保基坑的尺寸和位置符合设计要求。

（2）土方开挖

进行土方开挖作业，采取合适的土方处理措施，确保基坑的稳定性。

2. 地基处理

（1）地基勘察

进行地基勘察，了解地层情况，为地基处理提供数据支持。

（2）地基加固

根据勘测结果，进行地基加固工作，确保建筑结构的稳定性和安全性。

3. 主体结构施工

（1）结构施工图审查

对主体结构施工图进行审查，确保施工图纸的准确性和合理性。

（2）主体结构浇筑

按照施工图要求，进行主体结构的浇筑工作，采用合适的混凝土配比和浇筑工艺。

4. 内外装修

（1）室内装修

进行室内装修工作，包括墙面装饰、地面铺装、天花板安装等，确保室内空间的美观和实用。

（2）外立面装饰

进行建筑外立面的装饰工作，选择合适的材料和设计风格，提升建筑外观的品质。

（三）施工监管

1. 监测工程进度

（1）进度计划执行

监测施工进度计划的执行情况，及时调整和优化施工流程，确保工程按时完成。

（2）进度报告

定期生成进度报告，向相关部门和业主汇报工程进展情况，及时沟通解决可能的延误和问题。

2. 质量验收

（1）施工质量检查

进行施工质量检查，确保施工过程中各个环节符合设计要求和标准。

（2）质量验收报告

编制质量验收报告，提交相关部门进行验收，确保工程质量达到预期标准。

3. 安全管理

（1）安全检查

定期进行安全检查，发现和排除施工现场可能存在的安全隐患。

（2）安全培训

持续开展安全培训，增强施工人员的安全意识和应急处理能力。

四、交付与运维阶段

（一）交付前验收

1.各专业领域的细致检查

（1）结构验收

进行建筑结构的详细检查，确保各构件的连接牢固，结构稳定性符合设计要求。

（2）电气系统验收

对电气系统进行全面检测，包括电缆敷设、电力配电系统、照明系统等，确保电气设备的安全运行。

（3）暖通空调系统验收

进行暖通空调系统的性能测试，验证空调设备的制冷制热效果，确保室内温湿度达到设计标准。

（4）给排水系统验收

检查给排水系统的密封性和畅通性，确保水管、排水管道等设施正常运行。

2.工程达到设计和合同规定的标准

（1）设计要求的符合性检查

核对施工结果与设计文件的符合性，确保工程各项要求均符合设计规范。

（2）合同规定的验收标准

按照合同规定的验收标准进行检查，确保交付的工程达到业主期望的质量水平。

（二）交付与移交

1.施工文件提供

（1）完备的施工文件

向业主提供包括施工图纸、变更通知、竣工图、工程变更、质量验收报告等完整的施工文件。

（2）保修文件提交

提交建筑工程的保修文件，包括各系统设备的说明书、保养手册等，以便业主了解设备的使用和维护方法。

2.权责转交

（1）所有权转移

正式将建筑工程的所有权从施工方转交给业主，确保业主获得对建筑的完全控制权。

（2）责任和风险转移

明确建筑工程的责任和风险转移情况，建立清晰的责任界定，保障双方的权益。

（三）运维与维护

1. 定期保养

（1）设备保养计划

制订建筑设备的定期保养计划，包括清洁、润滑、检查等，确保设备正常运行。

（2）设备性能监测

通过设备性能监测系统，实时监测建筑设备的运行状态，及时发现并处理潜在问题。

2. 维护工作

（1）定期巡检

进行建筑外部和内部的定期巡检，发现并及时处理建筑结构、设备和管道等方面的问题。

（2）紧急维修响应

建立紧急维修响应机制，确保在突发情况下能够迅速响应和处理，保障建筑的安全性和稳定性。

3. 使用寿命管理

（1）建筑材料耐久性评估

对建筑材料进行定期评估，预测材料的使用寿命，制订合理的更换和维修计划。

（2）设备更新与升级

根据技术发展和设备老化情况，制订设备更新与升级计划，确保建筑设备始终处于先进、高效的状态。

项目三　建筑工程中的职责和要求

一、各职能部门的责任划分

（一）项目管理部门

1. 项目计划拟定

（1）项目计划编制

制订全面的项目计划，明确项目的阶段性目标、关键路径、资源需求等，确保项目的有序推进。

（2）项目资源调配

负责项目各项资源的调配和分配，包括人力、物力、财力等，确保资源的合理利用。

2. 项目进度控制

（1）进度监测

建立项目进度监测体系，及时发现和解决可能影响项目进度的问题，确保项目按计划推进。

（2）问题应对

负责协调解决项目过程中出现的问题，确保项目进程的平稳推进。

3. 成本管理

（1）预算编制

制定项目预算，对各项费用进行合理估算，确保项目在财务预算内完成。

（2）费用监控

建立费用监控机制，对项目费用进行实时监测，防范超支情况的发生。

4. 团队协调

（1）团队建设

负责团队的建设和管理，培养团队协作精神，提高团队执行力和创新能力。

（2）冲突解决

处理项目团队内部的冲突，确保团队协作和谐，不影响项目进展。

（二）工程设计部门

1. 建筑设计

（1）方案设计

进行项目的方案设计，提供符合业主需求和法规标准的创新型设计方案。

（2）施工图设计

根据方案设计，制定详细的施工图，包括建筑结构、设备布置、管道走向等。

2. 结构设计

（1）结构计算

进行建筑结构的力学计算，确保结构的稳定性和安全性。

（2）结构材料选择

根据项目要求和结构计算结果，选择合适的结构材料，确保设计的可行性和经济性。

3. 电气设计

（1）电气系统规划

规划建筑电气系统，包括电力配电、照明、通信等，确保满足建筑功能和安全要求。

（2）设备选型

选择合适的电气设备，考虑能效、可靠性等因素，确保电气系统的正常运行。

（三）施工管理部门

1. 实际施工协调

（1）工程施工协调

协调不同专业领域的施工工作，确保各个工程节点的顺利推进。

（2）施工现场管理

负责施工现场的组织和管理，包括施工设备摆放、人员流动、安全防护等。

2. 安全管理

（1）安全计划执行

执行安全计划，确保施工过程中的安全措施得到有效执行。

（2）安全培训

组织施工人员的安全培训，增强员工安全意识，降低施工事故的发生率。

3. 质量管理

（1）施工工艺控制

控制施工过程中的工艺，确保施工符合设计和标准要求。

（2）质量检查

进行施工质量检查，及时发现和纠正可能存在的质量问题，确保工程质量达标。

二、专业人员的技能要求

（一）项目经理

1. 项目管理理论和方法

（1）项目管理理论研究

深入了解项目管理理论，包括传统的瀑布模型和敏捷开发等方法，能够根据项目特点选择合适的管理方法。

（2）项目计划编制

具备编制全面、可执行的项目计划的能力，包括确定项目目标、制定里程碑、资源调配等。

（3）团队协调与决策分析

具有较强的团队协调和领导能力，能够有效管理项目团队，解决团队内部冲突。擅长决策分析，能够在复杂情境下做出明智的决策。

2. 沟通与协调能力

（1）沟通技巧

具备良好的沟通技巧，能够清晰表达项目目标和计划，与各职能部门有效沟通。

（2）危机管理

能够应对项目中的各种问题和风险，采取果断、灵活的措施，确保项目的顺利推进。

3. 法规与标准理解

（1）建筑法规研究

深刻理解建筑行业的法规和标准，确保项目在法规框架内合规进行。

（2）项目合规性保障

负责项目的合规性管理，确保设计和施工过程符合相关法规和标准的要求。

（二）设计师

1. 专业知识

（1）建筑设计技能

具备扎实的建筑设计技能，包括空间规划、建筑外观设计等，能够根据项目需求提供创新型的设计方案。

（2）结构设计和电气设计

熟练掌握结构设计和电气设计的专业知识，确保设计的可行性和安全性。

2. 创新能力

（1）前沿技术研究

保持对建筑行业前沿技术的关注，不断学习和应用新技术，提高设计的创新性。

（2）设计理念更新

积极追求设计理念的创新，能够将独特的设计理念融入项目中，为项目增色。

3. 团队协作与沟通

（1）团队协作

良好的团队协作能力，能够与其他设计师和职能部门紧密合作，共同推动项目的进展。

（2）客户需求满足

具备理解客户需求的能力，通过有效的沟通和反馈机制，确保设计方案符合客户期望。

（三）施工经理

1. 建筑工程知识

（1）施工工艺熟悉

对建筑工程的各个专业领域的施工工艺和流程有深入了解，能够指导实际施工。

（2）施工技术储备

具备扎实的施工技术储备，能够解决施工现场的实际问题，确保工程的顺利进行。

2. 组织和协调能力

（1）项目施工协调

协调不同专业的施工工作，确保施工进度和质量符合项目计划。

（2）施工团队管理

良好的组织和协调能力，能够高效管理施工团队，确保人员配合度和团队士气。

3. 安全管理

（1）安全规划制定

制定合理的施工现场安全规划，确保施工过程中的安全措施得到有效执行。

（2）安全事故应对

具备应对施工现场突发安全事件的能力，采取紧急措施保障工人安全。

（四）质量工程师

1. 质量管理体系

（1）质量管理体系研究

深入研究建筑工程的质量管理体系，了解 ISO 等相关标准。

（2）相关法规和标准

了解并掌握建筑工程相关的法规和标准，确保质量管理符合规定要求。

2. 质量检测与问题解决

（1）质量检测技能

具备质量检测的技能，能够通过检测手段评估建筑工程的质量水平。

（2）问题解决能力

能够迅速分析和解决出现的质量问题，采取有效措施防止问题再次发生。

3. 团队协作与沟通

（1）与其他部门合作

具备与其他职能部门良好合作的能力，共同维护项目的整体质量。

（2）沟通技巧

良好的沟通技巧，能够与不同职能部门进行有效的沟通，确保质量管理的顺利推进。

思考题

1. 建筑施工行业的发展历程

探讨建筑施工行业从古代到现代的发展历程，突出各时期的技术创新和影响因素。

2. 建筑工程生命周期管理的挑战与机遇

分析当前建筑工程生命周期管理中可能面临的挑战，以及如何应对这些挑战带来的机遇。

3. 各专业职责在建筑工程中的协同作用

探讨项目管理、设计、施工等专业部门在建筑工程中的协同作用，以及如何优化协同效果。

4. 建筑工程专业人员的跨学科技能需求

分析建筑工程专业人员在项目中所需的跨学科技能，如何提升他们的综合素养以适应复杂多变的建筑环境。

5. 可持续建筑与环境保护的融合

探讨可持续建筑与环境保护在建筑工程中的重要性，以及如何在项目中融入这些理念，推动可持续发展。

模块二　建筑材料与工程技术

项目一　常用建筑材料及其特性

一、金属材料

（一）不锈钢（Stainless Steel）

1. 不锈钢的种类

不锈钢是一类具有高抗腐蚀性的金属材料，主要分为奥氏体不锈钢、铁素体不锈钢和马氏体不锈钢三大类。每种类型都具有不同的化学成分和晶体结构，这决定了其特定的性能和用途。

（1）奥氏体不锈钢

奥氏体不锈钢含有较高的铬和镍含量，具有良好的耐腐蚀性和强度，常见的有 AISI 304、AISI 316 等。适用于一般的大气环境和轻度腐蚀介质。

（2）铁素体不锈钢

铁素体不锈钢主要含有铬，镍含量较低，虽然强度较高，但耐腐蚀性相对较差。常见的有 AISI 430 等，适用于低腐蚀性环境。

（3）马氏体不锈钢

马氏体不锈钢具有高强度和硬度，主要含有较高的铬和较低的镍。常见的有 AISI 17-4PH 等，广泛应用于高强度要求的场合。

2. 不锈钢的用途

不锈钢在建筑中得到广泛应用，其主要用途包括建筑结构、装饰材料、管道系统等。由于其抗腐蚀、高强度和美观的特性，不锈钢尤其适用于海洋环境和高温环境下的工程。

3. 不锈钢在海洋环境下的性能

（1）抗腐蚀性能

奥氏体不锈钢在海洋环境中表现出色，其高镍含量使其具有良好的抗腐蚀性能，对抗海水侵蚀的能力较强。

（2）强度和耐候性能

不锈钢在海洋大气中的强度和耐候性能较好，不易受到盐雾等因素的影响，能长期保持稳定的力学性能。

4. 不锈钢在高温环境下的性能

（1）耐高温性能

不锈钢具有良好的耐高温性能，特别是奥氏体不锈钢，能够在高温环境中保持稳定的力学性能，适用于高温工艺和设备。

（2）热膨胀性能

不锈钢的热膨胀系数相对较低，这使其在高温条件下不容易发生变形和开裂，保证了其在工程中的可靠性。

（二）铝合金（Aluminum Alloy）

1. 铝合金的种类

铝合金是一种轻质金属，具有良好的抗腐蚀性和导热性，主要分为铸造铝合金、变形铝合金等几类。不同种类的铝合金在建筑中有着各自的应用特点。

（1）铸造铝合金

铸造铝合金具有优异的流动性和铸造性能，适用于一些复杂形状的构件，如建筑装饰品。

（2）变形铝合金

变形铝合金具有较好的机械性能，适用于建筑结构中需要承受力的部位，如支架、框架等。

2. 铝合金的强度特性

铝合金的强度相对较低，但通过合金化和热处理等方法可以提高其强度，使其适用于不同的建筑需求。

3. 铝合金在建筑中的应用

（1）建筑幕墙

铝合金常用于建筑幕墙系统，其轻质特性使得幕墙系统更易安装和维护，同时其具有抗腐蚀性能，延长了使用寿命。

（2）窗户和门

由于铝合金的轻量化和耐腐蚀性，其广泛应用于窗户和门的制造，提供了建筑中通风和采光的解决方案。

4. 铝合金的环保特性

铝合金可通过回收再生利用，符合可持续发展的理念，对于建筑行业的环保要求有着积极的意义。

二、木材与纤维材料

（一）天然木材

1. 木材的种类及特点

（1）软木材

软木材质轻，吸音效果好，常用于建筑中的隔音板和地板材料。

（2）硬木材

硬木材质坚硬，耐磨损，适用于地板、家具等需要高强度和耐久性的场合。

（3）密度板

密度板是由木材颗粒通过胶合剂压制而成，具有均匀的密度和较好的强度，广泛应用于建筑装饰。

2. 木材在建筑中的用途

（1）结构材料

木材常被用作建筑的结构材料，例如梁、柱、榫卯等，其轻巧和强度使其在建筑结构中发挥重要作用。

（2）装饰材料

天然木材的纹理和色彩丰富，常用于室内装饰，如地板、墙板、家具等。

3. 木材在建筑中的可持续应用

（1）环保性

木材是可再生资源，其采伐和利用对环境的影响相对较小，符合可持续建筑的理念。

（2）能源效益

木材是生物质能的一种来源，其燃烧释放的能量可以被有效利用，有助于建筑能源的可持续利用。

（3）循环利用

木材可以通过回收再生利用，降低建筑废弃物的产生，促进循环经济的发展。

（二）纤维材料

1. 玻璃纤维

（1）特性

玻璃纤维具有优异的抗拉强度和耐腐蚀性，同时具备较好的绝缘性能。

（2）应用

在建筑结构中，玻璃纤维常被用作增强材料，如增强混凝土的强度，同时也广泛应用于隔热、隔音材料的制造。

2. 碳纤维

（1）特性

碳纤维具有极高的强度和刚度，同时重量轻，是一种理想的结构材料。

（2）应用

在建筑领域，碳纤维常被用于加固和修复混凝土结构，提高其承载能力，同时也用于制造轻型结构和建筑外观装饰。

3. 纤维材料的创新应用

（1）三维打印

纤维材料结合三维打印技术，可以实现复杂结构的快速制造，为建筑设计提供更多可能性。

（2）智能材料

利用纳米技术和传感器技术，将纤维材料制成智能材料，可以实现建筑材料的自感知、自修复等功能，提高建筑的智能性和可维护性。

三、混凝土与砖石材料

（一）普通混凝土

1. 普通混凝土配方

（1）水泥

普通混凝土的主要成分之一，不同类型的水泥对混凝土的强度和耐久性有不同的影响。

（2）砂

用于提高混凝土的抗压强度，同时影响混凝土的工作性能。

（3）骨料

粗骨料主要用于提高混凝土的抗拉强度，细骨料则影响混凝土的流动性和抗渗性。

（4）水灰比

水灰比的选择直接影响混凝土的强度和耐久性，需要根据具体工程要求进行调整。

2. 普通混凝土的强度特性

（1）抗压强度

普通混凝土的抗压强度随着配方的不同而变化，通常在 20MPa 到 60MPa。

（2）抗拉强度

混凝土的抗拉强度相对较低，使用钢筋等材料进行加固是常见的做法。

3. 普通混凝土的施工工艺

（1）搅拌与浇筑

搅拌过程中需要保证各组分充分混合，浇筑时要注意避免空隙和气泡的产生。

（2）养护

混凝土浇筑后需要经过一定的养护期，以确保混凝土的强度和耐久性。

4. 普通混凝土在建筑结构中的主要应用

（1）基础和地板

普通混凝土常用于建筑的基础和地板结构，其强度和耐久性能够满足这些区域的要求。

（2）梁和柱

在建筑的框架结构中，混凝土常被用于梁和柱的制造，为建筑提供承重支撑。

（二）砖石材料

1. 砖石材料的分类

（1）砖

常见的砖类别包括黏土砖、混凝土砖、空心砖等，每种砖材料具有不同的强度和隔热性能。

（2）石材

石材分为天然石材和人工石材，天然石材如大理石、花岗岩，人工石材如人造石、合成石等。

2. 砖石材料的特性

（1）抗压强度

砖石材料普遍具有较高的抗压强度，适用于承重结构的建筑。

（2）耐久性

砖石材料通常具有良好的耐久性，能够抵抗风化和自然环境的侵蚀。

3.砖石材料在建筑中的用途

（1）砖的建筑结构

砖常被用于建筑的墙体结构，不仅承担荷载，还起到隔热、隔音的作用。

（2）石材的装饰

天然石材常被用于建筑的外立面装饰，赋予建筑高贵的外观。

4.砖石材料的创新应用

（1）纳米技术应用

通过纳米技术改善砖石材料的性能，提高其防水、防污性能。

（2）可降解材料

研究可降解的砖石材料，促进建筑领域的可持续发展。

四、新型建筑材料

（一）高性能混凝土

1.高性能混凝土的组成

（1）特种水泥

高性能混凝土通常采用高性能水泥，如硅酸盐水泥或者粉煤灰水泥，以提高混凝土的强度和耐久性。

（2）特种骨料

采用优质的骨料，如高强度砂、碎石等，以确保混凝土的抗压、抗拉性能。

（3）高效的外加剂

添加具有调控水泥水化过程、提高混凝土工作性能的高效外加剂，如减水剂、增强剂等。

2.高性能混凝土的性能

（1）抗压强度

高性能混凝土的抗压强度通常远高于普通混凝土，可以达到100MPa以上。

（2）耐久性

由于采用特殊的水泥和骨料，高性能混凝土具有更好的耐久性，对化学侵蚀、冻融循环等具有较强的抵抗能力。

3.高性能混凝土在特殊工程中的应用

（1）超高层建筑

由于高性能混凝土的强度和耐久性，其适合用于超高层建筑的结构，能够承受大荷载并保持稳定。

（2）桥梁工程

在桥梁工程中，高性能混凝土被广泛应用，可以提供更长的使用寿命和更小的维护需求。

（二）碳纳米管材料

1. 碳纳米管的独特性能

（1）高强度

碳纳米管具有极高的强度，是传统材料的数倍，是一种理想的结构增强材料。

（2）优异的导电性

碳纳米管具有优异的导电性能，可用于制造具有智能功能的建筑材料。

2. 碳纳米管在建筑领域的潜在应用

（1）智能建筑

利用碳纳米管的导电性能，可以制造具有自感知、自调节的智能建筑材料，实现能源的智能管理。

（2）结构增强

将碳纳米管嵌入混凝土中，可以显著提高混凝土的强度和耐久性，用于改进建筑结构的抗震性能。

3. 碳纳米管材料的制备与应用挑战

（1）制备技术

碳纳米管的大规模制备技术仍面临一些挑战，包括成本、生产效率等问题。

（2）安全与环保

碳纳米管的应用需要考虑其对环境和人体的潜在影响，包括生产、使用和废弃等阶段。

项目二　建筑工程施工技术

一、土建工程施工技术

（一）地基处理技术

1. 挖土工程

（1）挖土方法

挖土方法包括机械挖掘和人工挖掘两种，根据工程的具体情况选择合适的挖土方法。

（2）土方运输

挖土后，需要进行土方运输，考虑到运输距离、运输工具的选择等因素，以提高施工效率。

2. 填土工程

（1）填土材料选择

根据工程要求和地层特点，选择合适的填土材料，考虑材料的均匀性和排水性。

（2）填土施工方法

填土施工方法包括卷扬法、顶层回填法等，根据地形和工程要求选择适当的方法。

3. 地基加固技术

（1）地基改良

地基改良包括土体的加固、改性等，常用的方法有灌浆、振动加固等，适用于软弱地基。

（2）桩基础

桩基础是通过灌注桩、打击桩等方式，将桩深入土中，以增加土体的承载能力。

4. 地基处理技术的操作规范

（1）前期调查

在进行地基处理前，需要进行详细的前期调查，了解地层结构、土质特性，以制定合理的施工方案。

（2）施工检测

地基处理过程中需要进行施工检测，监测土体的变形、承载力等，及时调整施工方案。

（3）施工记录与报告

在施工过程中要做好施工记录，编制施工报告，以备后续施工和验收。

（二）混凝土施工技术

1. 混凝土配合比设计

（1）配合比设计原则

根据混凝土的强度、耐久性等要求，确定合理的水灰比、骨料比例等，制定合适的混凝土配合比。

（2）材料的选择与检验

选择高质量的水泥、骨料、粉煤灰等，进行质量检验，确保混凝土原材料符合设计要求。

2. 混凝土搅拌与浇筑

（1）搅拌设备的选择

选择合适的搅拌设备，确保混凝土充分搅拌，保证混凝土的均匀性。

（2）浇筑工艺

合理的浇筑工艺能够减少混凝土的渗漏、裂缝等问题，提高混凝土的密实性和强度。

3. 混凝土养护

（1）养护期限

混凝土养护期限根据混凝土的配合比和环境条件而定，通常需要保持一定湿度和温度，确保混凝土的强度发展。

（2）养护方法

养护方法包括湿润养护、覆盖养护等，选择适当的养护方法有助于混凝土的强度和耐久性的提高。

4. 混凝土质量控制与施工现场管理

（1）质量控制体系

建立混凝土质量控制体系，包括原材料检验、生产过程控制、成品检验等，确保混凝土质量合格。

（2）施工现场管理

施工现场管理涉及施工人员的素质、设备的维护、施工计划的制订等，保障混凝土施工的顺利进行。

二、钢结构工程施工技术

（一）钢结构制作与安装

1. 钢材的预处理

（1）钢材清理

在制作钢结构前，需要对钢材进行清理，去除表面的锈蚀、污垢等，以确保焊接质量。

（2）钢材切割

根据设计要求和构件形状，采用切割工艺对钢材进行精确切割，保证构件尺寸准确。

2. 焊接工艺

（1）焊接方法

常见的焊接方法包括手工电弧焊、埋弧焊、气保焊等，选择合适的焊接方法取决于工程要求和材料类型。

（2）焊缝设计

合理设计焊缝，考虑焊接应力、变形等因素，确保焊接后的结构强度和稳定性。

3. 吊装技术

（1）吊装计划

在进行钢结构吊装前，制订详细的吊装计划，包括吊装方案、吊装顺序、吊装设备的选择等。

（2）吊装操作

根据吊装计划，使用合适的吊装设备进行操作，确保构件在吊装过程中不受损坏。

4. 钢结构的组装和安装过程

（1）构件标志和排序

在组装前，对构件进行标志和排序，以确保正确组装和安装，减少施工错误。

（2）钢结构组装

按照设计图纸和施工图进行组装，采用螺栓连接、焊接连接等方式，确保构件之间连接牢固。

（3）安装调整

在组装完成后，进行结构的安装调整，包括对位调整、水平调整等，确保整体结构的准确性。

（二）钢结构焊接技术

1. 手工焊接技术

（1）电弧焊接

手工电弧焊接是常用的手工焊接技术。

（2）气保焊接

气体保护焊接是一种高质量的手工焊接技术。

2. 自动焊接技术

（1）机器人焊接

机器人焊接在钢结构制作中广泛应用。

（2）自动埋弧焊接

自动埋弧焊接是一种高效的焊接技术。

3. 焊接过程的质量控制

（1）焊接前检查

进行焊接前，对接头、焊材等进行检查，确保焊接前的准备工作完善。

（2）焊接中质量控制

焊接中进行质量控制，包括焊缝形貌、焊接速度、电流电压等参数的监控，确保焊接质量符合标准。

（3）焊接后检验

完成焊接后，进行焊缝的无损检测、尺寸检测等，确保焊接质量满足设计要求。

三、机电工程施工技术

（一）电气工程施工技术

1. 电缆敷设

（1）电缆选型与布线设计

根据工程需求和电气负荷，选择适当规格的电缆，设计合理的布线方案，考虑电缆的敷设路径和环境条件。

（2）敷设技术

电缆敷设过程中，考虑到电缆的绝缘保护、防潮防腐等因素，采用合适的敷设技术，如埋地敷设、架空敷设等。

2. 设备安装

（1）设备搬运与安装

合理规划设备搬运路径，确保设备在搬运过程中不受损坏，同时采用正确的安装方法，保证设备安装牢固。

（2）设备接线

设备接线是电气工程的关键步骤，深入讨论设备接线的标准和要求，保证电气系统的正常运行。

3. 施工步骤

（1）施工前准备

在电气工程施工前，制订详细的施工计划，包括物料准备、人员调配等，确保施工顺利进行。

（2）施工过程管理

实施严格的施工过程管理，包括进度控制、质量控制和安全管理，以确保施工的高效性和可控性。

4. 质量验收标准

（1）电气设备验收

对已安装的电气设备进行验收，包括外观检查、性能测试等，确保设备符合相关标准和规范。

（2）系统调试

进行电气系统的调试，确保各个部件协调运行，系统功能正常，满足设计要求。

5.施工现场安全管理

（1）安全计划

制订详细的电气工程安全计划，包括危险源识别、安全措施、紧急救援预案等。

（2）安全培训

对施工人员进行安全培训，提高他们对电气工程安全风险的认识，减少事故发生的可能性。

（二）暖通空调工程施工技术

1.管道敷设

（1）管道选材与设计

根据空调系统的热负荷和工程要求，选择合适的管道材料，设计合理的管道布局。

（2）管道连接与固定

采用正确的管道连接方法，确保连接牢固且不漏水，同时进行管道的有效固定，减少振动和噪声。

2.设备安装

（1）主机组装与安装

对暖通空调系统的主机进行组装和安装，确保主机的运行平稳和高效。

（2）终端设备安装

安装末端设备，包括风口、换气机等，根据设计要求进行位置调整和连接。

3.系统调试

（1）系统气调试

进行系统气调试，包括风量、温度等参数的调整，确保系统能够满足空调需求。

（2）系统水调试

对系统进行水调试，包括冷却水、加热水等，确保水流畅、温度稳定。

4.施工难点及解决方案

（1）设备噪声控制

分析空调设备噪声产生的原因，采取隔音、减振等措施，降低噪声对室内环境的影响。

（2）管道绝热材料选择

选择合适的管道绝热材料，解决在高温或低温环境下的能效问题，提高系统的运行效率。

5.系统效能和能效

（1）系统效能评估

对暖通空调系统的效能进行评估，包括舒适性、空气质量等方面的指标。

（2）能效优化

采用先进的能效优化技术，如变频调速、智能控制等，提高系统的能效水平。

项目三　建筑材料与工程技术的应用与创新

一、应用案例分析

（一）不锈钢在建筑外观设计中的应用案例

1. 摩天大楼项目：Petronas Twin Towers

（1）选择理由

Petronas Twin Towers 是马来西亚吉隆坡的标志性建筑，选择不锈钢作为外观材料的主要原因是其抗腐蚀性和耐候性，能够应对热带气候的高温多湿，同时提供了现代感和高贵感。

（2）设计特点

不锈钢表面经过精细处理，呈现出闪亮的金属质感，与大楼的玻璃幕墙相辅相成，营造出现代、独特的外观设计。

（3）具体应用效果

Petronas Twin Towers 的外墙覆盖着高光泽的不锈钢板，反射出城市的光影，使其在日间和夜间都具有独特的视觉效果。不锈钢的使用不仅提高了建筑的美观度，还增强了其耐久性和抗腐蚀性。

2. 桥梁项目：Millau Viaduct

（1）选择理由

Millau Viaduct 是法国的一座特大型高架桥，选择不锈钢作为主要建筑材料的原因之一是其轻质高强的特性，有助于减轻桥体自重，提高结构的承载能力。

（2）设计特点

Millau Viaduct 的桥塔和桥梁部分采用了不锈钢结构，呈现出流线型的设计，这使其在法国乡村风光中既融入自然，又显得现代而独特。

（3）具体应用效果

不锈钢在 Millau Viaduct 中的应用使得整座桥梁更加轻盈、耐久，同时在阳光下反射出独特的金属光泽，成为一道风景线。这一成功案例证明了不锈钢在桥梁工程中的可行性和效果。

（二）新型建筑材料在绿色建筑中的案例研究

1. 高性能混凝土在 One Central Park 中的应用

（1）选择理由

One Central Park 是悉尼一座绿色建筑项目，选择高性能混凝土作为主要建筑材料，主要基于其高强度、耐久性和环保性。这有助于提高建筑的结构性能，减少对自然资源的依赖。

（2）应用效果

高性能混凝土在 One Central Park 的结构中被广泛应用，它不仅提供了坚固的结构支持，还降低了对传统混凝土的使用量。这有助于减少碳排放，符合绿色建筑的可持续发展理念。

2. 可再生能源材料在 The Edge 中的应用

（1）选择理由

The Edge 是荷兰阿姆斯特丹的一座绿色办公大楼，采用太阳能板、风力发电装置等可再生能源材料，实现了建筑的自给自足。这种选择符合可再生能源的使用理念，为建筑提供清洁能源。

（2）应用效果

The Edge 通过可再生能源材料的应用，成功地实现了建筑的能源自给自足，同时通过智能系统对能源进行管理，将多余的能源输出到城市电网。

二、技术创新趋势

（一）数字化建筑施工的前沿技术

1.BIM（Building Information Modeling）的应用

（1）项目规划

BIM 技术在项目规划阶段的应用，通过三维模型展示建筑结构、系统布局等，使项目各方更好地理解设计意图，提前发现潜在问题。

（2）设计优势

BIM 不仅可以优化建筑设计流程，还能够实现多专业的协同设计。通过 BIM 平台，建筑师、结构工程师、机电工程师等专业人员可以在同一模型上进行实时协作，提高设计效率。

（3）施工管理

在施工管理方面，BIM 可以帮助实现施工进度的可视化管理、材料和设备的实时追踪，提高施工过程的透明度和精准度。

2. BIM 技术的发展趋势

（1）云端协同

BIM 的云端协同是未来的发展趋势之一，通过云端平台，团队成员可以实时共享和更新项目信息，实现更高效的协同工作。

（2）AI 与 BIM 的融合

人工智能（AI）技术的引入将进一步增强 BIM 的能力，如通过机器学习优化设计方案、智能规划施工路径等，提高整个建筑生命周期的管理水平。

（二）智能化施工设备与机械的发展趋势

1. 无人机在建筑施工中的创新

（1）勘测与监测

无人机可用于建筑工地的勘测与监测，通过搭载各类传感器和摄像设备，实时获取建筑工地的地形数据、施工进度等信息。

（2）施工过程中的应用

在建筑施工过程中，无人机可以进行高空拍摄，检测施工质量，快速识别潜在安全隐患，提高施工管理效率。

2. 机器人在建筑施工中的创新

（1）自动化施工

机器人的应用逐渐涉及施工现场，如自动化砌砖机器人、自动化焊接机器人等，可大幅提高施工效率，减少人为操作的不确定性。

（2）施工质量保障

机器人在施工中更加精准、稳定，通过激光测量等技术，可以实现对建筑结构的精密检测，保障施工质量。

3. 智能工地管理系统

（1）实时监控

智能工地管理系统整合了传感器、摄像头等设备，通过实时监控建筑工地的人员流动、设备运行情况，提供实时数据支持决策。

（2）数据分析与预测

通过对大量实时数据的积累和分析，智能工地管理系统可以利用数据模型进行预测，提前发现潜在问题，减少事故发生概率。

思考题

1. 建筑工程中常用金属材料的可持续应用

探讨建筑中常用的金属材料，如钢铁、铝等的生命周期影响和可持续应用。考虑其回收再利用、减少资源浪费等方面，提出在建筑设计和施工中如何最大程度地推动金属材料的可持续应用。

2. 新型建筑材料在建筑工程中的实际应用挑战

以一种新型建筑材料为例，例如碳纳米管材料，分析其在实际建筑工程中应用所面临的挑战，如成本、可行性、市场接受度等，并提出解决方案。

3. 机电工程中数字化技术对施工效率的影响

着眼于机电工程中的数字化技术，如BIM、智能传感器等，思考这些技术如何提高施工效率、降低成本，并讨论其在实际应用中可能遇到的问题和挑战。

4. 建筑材料与工程技术的创新对可持续建筑设计的影响

分析建筑材料与工程技术的创新对可持续建筑设计的影响，包括能源效率、环境友好性等方面。思考创新技术如何促进建筑行业向更可持续的方向发展。

5. 建筑材料的选择与地域气候的关系

以不同地域的气候条件为基础，讨论建筑材料的选择对建筑能效和适应性的影响。思考在不同气候条件下，如何优化建筑材料的选择以提高建筑的性能。

模块三　建筑工程设计与规划

项目一　建筑设计原理与流程

一、设计理念与创意

（一）建筑设计理念的形成

1. 设计师的个人风格

（1）影响因素

设计师的个人风格受多方面因素影响。首先，教育背景是一个关键因素，不同学派的教育会塑造设计师对建筑的不同认知。职业经历也是重要因素，从事不同类型项目的设计师可能形成不同的设计风格。其次，对艺术和建筑的独特理解，包括审美观点、设计哲学等都在影响个人风格的形成过程中起到关键作用。

（2）个人风格的表现

通过深入分析知名设计师的作品，可以揭示个人风格在建筑设计中的体现方式。这可能涉及设计语言的独特性，对形式、材料的偏好，空间处理的独到见解等方面。案例分析可以帮助理解设计师是如何在项目中将个人风格注入建筑形式之中的，从而形成独特而富有辨识度的设计。

2. 文化背景对设计理念的影响

（1）文化的定义

文化是多层次的，包括地域文化、时代文化、社会文化等。设计师所处的文化环境会在潜移默化中影响其设计理念的形成。这包括对传统文化的认知，对当代文化的理解，以及对未来发展方向的思考。

（2）文化元素的融入

案例分析，可以深入探讨设计师如何将文化元素融入建筑设计中。这可能涉及传统文化的传承，通过建筑语言、符号等方式表达对文化的尊重。同时，设计师还可能通过对当代文化的反思，创造具有现代审美和时代精神的建筑形式。

3. 社会观念对设计理念的影响

（1）社会需求的变化

设计师需要关注社会的动态变化，理解当代社会的需求。通过对社会变革的敏感性，设计师可以提供创新解决方案，满足人们在不同时期的实际需求。这可能包括对居住、工作、娱乐等方面的社会需求的不断变化的深入研究。

（2）可持续发展理念

在面对环境问题时，设计师如何将可持续发展理念融入建筑设计是至关重要的。分析设计师如何关注生态环境、降低建筑对自然资源的依赖，可以揭示设计理念中可持续发展观念的体现。这可能包括使用绿色建材、采用节能技术、设计生态友好型空间等方面。

（二）创意在建筑设计中的作用

1. 创意的激发

（1）创意来源

创意的产生途径多种多样，其中包括灵感的来源、跨学科的融合及设计过程中的启示。灵感可能来自自然景观、艺术作品、日常生活中的观察，甚至是抽象的思考。跨学科的融合则是指将不同领域的知识和思想相结合，从而创造出独特的设计理念。设计过程中的启示常常是在深入思考问题、尝试不同方案的过程中突然涌现的新思路。

（2）设计方法与创意

不同的设计方法对创意的产生有着深远的影响。草图设计强调快速表达概念，这促使设计师迅速记录灵感。模型制作则通过物理形式展现设计概念，这有助于立体感的理解。数字化工具的应用则提供了更灵活、精确的设计手段。分析这些设计方法如何影响创意的产生，可以帮助理解设计师在不同阶段如何激发创造性的思维。

2. 创意与实际需求的结合

（1）实际需求的分析

深入探讨项目的实际需求对于创意的产生至关重要。这包括对功能性、经济性、社会性等方面的需求进行全面而深入的分析。只有明确了项目的基本需求，设计师才能在创意中找到最合适的解决方案。

（2）创意与需求的平衡

通过案例分析展示创意与实际需求之间的平衡是十分关键的。成功的创新设计应当在满足基本需求的同时，实现独特性和艺术性。案例分析可以凸显在具体项目中设计师是如何通过创意的融入，既满足客户需求，又展现出建筑的独特魅力。

3. 创意在建筑设计中的成功应用

（1）标志性建筑案例

中国香港国际金融中心（IFC）

中国香港国际金融中心是由 Cesar Pelli 设计的标志性建筑，其独特的外观体现了创意和独特性。通过对传统中国文化中的翘曲形状的重新诠释，IFC 在现代建筑语言中融入了独特的文化元素，这使其在城市天际线中脱颖而出。

巴黎卢浮宫金字塔

巴黎卢浮宫金字塔由伊姆•佩伦设计，用玻璃和金属构成，与卢浮宫的古老建筑形成鲜明对比。其独特的几何形状和透明的外观使其成为城市地标，成功地将传统与现代相融合，展现了建筑与文化的巧妙结合。

（2）创意解决方案的实践

奇迹大教堂（Sagrada Familia）

巴塞罗那的奇迹大教堂是由安东尼奥·高迪设计的，他通过创新的建筑技术和独特的设计解决方案，克服了建筑过程中的多个挑战，用超现实主义的形式，将天使和神圣的元素融入建筑结构中，创造了一个独一无二的宗教空间。

CopenHill

CopenHill 项目将垃圾焚烧厂转化为综合的可持续发展项目。设计师通过在建筑屋顶设计滑雪斜坡，巧妙地将城市娱乐与环保结合，解决了城市空间利用的难题。这个项目展示了创意如何推动建筑设计迈向更可持续的方向。

通过这些案例的分析，我们可以看出创意在建筑设计中的成功应用是多方面的，不仅体现在建筑外观的独特性上，还包括实际问题的创新解决方案。这种综合性的创意应用不仅推动了建筑设计的发展，也为城市空间的可持续发展提供了有益的启示。

二、图纸与模型制作

（一）建筑图纸的编制原则

1. 平面图的标准规范

（1）比例和尺寸

在建筑平面图的编制中，选择适当的比例至关重要。比例的选择应考虑图纸的大小及图纸上要展示的建筑尺寸，我们通常采用常见的比例尺，如 1：100 或 1：200。尺寸标注应遵循国际标准，确保在图纸上的尺寸表达准确，以便施工和其他专业人员理解和使用。尺寸标注的位置应清晰、一致，以避免歧义。

（2）图例和符号

平面图中的图例和符号是传达建筑布局和功能的重要工具。每个符号应有清晰的解释，确保所有相关方都能理解。图例的位置应合适，不影响平面图的整体清晰度。符号的使用应符合行业标准，以避免混淆和误解。例如，不同功能区域、设备和家具可以用不同的符号和颜色加以区分，提高图纸的可读性。

2. 立面图的标准规范

（1）高度标注

在建筑立面图中，高度标注是关键要素之一。基准点的选择应明确，通常为建筑物的地面或其他明确的水平面。标高线的绘制应该准确、连贯，以确保垂直尺度的正确表达。高度标注应遵循一致的标准，便于建筑专业人员的理解和使用。

（2）材料和质感表达

立面图中的材料和质感的准确表达对于传达设计意图至关重要。使用清晰的图案、线型和色彩来表示不同的建筑材料，确保图纸上的图形与实际建筑外观一致。此外，可以使用阴影和渐变来模拟光影效果，使立面图更富有表现力。

3. 剖面图的标准规范

（1）剖面线的设置

剖面图中剖面线的设置要考虑清晰地展示建筑内部结构。选择剖面线的位置应能够突出建筑的关键部分，通常选取建筑的主要轴线或设计的焦点部位。切割方式要有针对性，凸显建筑的内部空间组织和结构特点。

（2）阴影和渐变的运用

在剖面图中使用阴影和渐变可以有效表达空间深度和材料变化。合理的阴影投射，可以强调建筑内外的空间关系，使剖面图更易被理解。渐变的运用可以揭示材料的变化和质感，增强图纸的立体感和表现力。

4. 图纸的设计意图体现

（1）强调设计重点

在图纸上通过线型、颜色、注释等方式强调设计的重点，例如建筑的特色或创新之处。使用特殊的符号或标注突出设计中的关键元素，确保这些元素在图纸中引人注目，方便相关人员理解设计意图。

（2）与其他图纸的协调

平面图、立面图和剖面图之间的协调关系至关重要。确保它们在比例和标注上保持一致，以形成一个整体的、一致的设计方案。使用相同的图例和符号，确保各图纸之间的信息传递一致，提高图纸的整体协调性和可读性。

（二）建筑模型的制作技术

1. 手工模型制作技术

（1）材料选择

手工模型常用的材料包括但不限于瓦楞纸、木材、塑料等。瓦楞纸轻便易切割，适用于表达建筑体块；木材质感丰富，可用于模拟结构和质感；塑料易于塑形，适用于制作曲线和流畅的形态。这些材料在模型制作中的特点和应用需要根据设计需求做出选择。

（2）制作步骤

手工模型的制作过程包括设计方案的转化、模型的搭建、细节的加工等步骤。设计方案的转化要求模型制作者理解设计图纸，将其转换为三维形态。模型的搭建阶段需要精准的手工技巧，包括剪裁、粘接、雕刻等。细节的加工阶段则注重对建筑特征、细部构件的还原，以提高模型的还原度。

（3）优劣势分析

手工模型具有触感强、表达细节的优势，能够更好地传达建筑的实体感和形式美感。然而，手工模型制作周期长，修改不灵活，难以迅速生成多个版本，在与数字模型相比较时，需要权衡其优势与劣势，根据具体需求选择合适的模型制作方式。

2. 数字模型制作技术

（1）建模软件选择

数字模型制作通常采用专业建模软件，如 AutoCAD、SketchUp、Rhino 等。这些软件各具特色，适用于不同类型的设计需求。AutoCAD 适合精确建模，SketchUp 擅长概念表达，Rhino 则在曲面建模上有一定优势。选择建模软件需根据设计目标和工作流程进行综合考虑。

（2）纹理和光影处理

数字模型通过添加纹理和处理光影可以提高其逼真感。纹理可以模拟建筑材料的质感，而光影处理则使模型更具立体感和真实感。在数字模型中，我们可以利用专业渲染引擎，如

V-Ray、Enscape 等，来优化光影效果，增强模型的视觉效果。

（3）优劣势分析

数字模型具有修改方便、快速生成多个版本等优势，同时在大规模项目和复杂形态的表达上具有一定的优越性。然而，数字模型在细节表达上可能受到局限，难以完全还原手工模型所能表达的触感和细节。

3. 在不同设计阶段的应用

（1）概念设计阶段

在概念设计阶段，模型可以快速表达设计思路，促进团队的讨论和决策。手工模型能够快速搭建概念框架，而数字模型则提供更灵活的参数化控制，方便尝试不同的设计方向。

（2）方案设计阶段

在方案设计阶段，模型需要更为细致地表达。手工模型可以通过精湛的手工技艺还原建筑特征，数字模型则可以通过精确的三维建模和渲染来验证设计的可行性。

（3）最终设计阶段

在最终设计阶段，模型的精细化处理是关键。手工模型需要注重细节加工，数字模型则与图纸协同应用，确保设计意图的准确传达。数字模型在这一阶段的参数化能力和精准度将发挥更大的作用。

三、客户需求与设计哲学

（一）建筑设计中的用户体验

1. 用户需求调研

（1）问卷调查

问卷调查是一项迅速而广泛的数据收集方法。在建筑设计中，设计师可以通过设计有针对性的问题，包括但不限于空间偏好、功能需求、审美趋向等，以确保全面覆盖用户需求。设计团队需要注意设计问题的合理性和清晰度，以确保得到有意义的反馈。

（2）深入的用户访谈

深入的用户访谈能够提供更为具体和深刻的见解。通过与用户直接交流，设计师可以深入了解他们的感受、期望及潜在的问题。这种方法有助于捕捉到用户在表面需求之下的真实需求，访谈过程中需要灵活应对，挖掘用户的深层次需求和体验感受。

（3）实际案例

以某大型建筑项目为例，设计团队通过多层次的用户需求调研，力求创造一个既满足工作效率需求，又体现舒适和环保理念的办公环境。通过问卷调查和用户访谈，收集了潜在办公人员对办公环境的期望和实际使用情况的反馈，这些反馈构成了设计团队制定设计方案的基础。

2. 用户体验设计

（1）空间布局与功能性

空间布局在用户体验设计中起到关键作用。设计团队需要深入了解用户的工作流程和空间需求，合理布局建筑内部空间，以提高建筑的使用效率和用户满意度。灵活的办公区域、舒适的休息区域等都是空间布局考虑的要素。

（2）情感体验与人性化设计

情感体验在建筑设计中至关重要。通过人性化设计，设计团队可以营造温馨与舒适的空间氛围，使用户在建筑中感受到愉悦和归属感。人性化设计包括对颜色、光线、材料的选择等方面的精心考虑，以创造出符合用户情感需求的建筑环境。

3. 技术与用户体验

（1）创新技术的应用

创新技术如虚拟现实（VR）、增强现实（AR）技术等在建筑设计中的应用可以提升用户与建筑的互动体验。通过虚拟现实技术，用户可以在设计阶段就体验到建筑空间，提前感受设计的效果。这为用户提供了更直观、沉浸式的体验。

（2）可持续性与环保

在用户体验设计中，可持续性和环保也是重要考虑因素。可持续性设计，可以减少建筑对环境的影响，提高建筑的舒适度。绿色建筑材料的选择、能源效率的考虑等都是可持续性设计的一部分，能够提升用户对建筑的整体体验。

（二）设计哲学与社会责任

1. 设计哲学的核心理念

（1）美学与功能的平衡

设计哲学强调美学与功能之间的平衡，要求建筑既要具有艺术性，又要满足实际需求。美学不仅仅是外表的装饰，更是对空间、形式、材料的深刻理解，通过设计语言传达出建筑的内在品质。同时，功能性的要求强调建筑不仅仅是艺术品，更是为人们生活、工作、交流提供便利和舒适的空间。

（2）人文关怀与社会参与

设计哲学对人文关怀十分重视，要求设计师深入理解和尊重不同文化、社会背景下的人们的需求和生活方式。社会参与是设计哲学的延伸，它要求设计师积极参与社会，为社区做出积极贡献。这可能包括与当地社区对话，倾听居民需求，以及通过设计解决社会问题。

2. 社会责任在建筑设计中的体现

（1）环境可持续性

在建筑设计中，社会责任体现在对环境的可持续性的考虑上。设计师需要关注能源利用效率，采用环保材料，推动绿色建筑的发展。通过引入可再生能源、最大限度地减少建筑的碳足迹，建筑可以更好地融入周边环境，减轻对自然资源的影响。

（2）社会包容性

社会包容性要求设计考虑到社会各个层面的需求。这包括无障碍设计，确保建筑对于所有人都是可访问的，无论其能力水平如何。此外，社会包容性还涉及如何通过建筑设计来服务社会的各个群体，包括弱势群体。通过提供适应多元文化和社会需求的建筑环境，设计可以成为社会的一种推动力。

3. 实践案例分析

（1）环保倡导与实际效果

案例分析，可以展示一些倡导环保的建筑项目。例如，一座采用太阳能和风能作为主要能源的建筑，通过节能设计和绿色材料的使用，有效降低了其对环境的影响。通过实际效果的评估，我们可以看到这些项目在环保方面所取得的成就，为其他建筑项目提供了借鉴。

（2）社会参与社区建设

案例分析，可以深入了解设计师如何积极参与社区建设。例如，一些项目可能通过与当地社区合作，设计出更适应当地文化和环境的建筑，促进社区的可持续发展。这种社会参与不仅提高了建筑的社会影响力，还加强了设计师与社区的关系。

项目二　建筑规划与布局

一、土地规划

（一）土地规划的基本原则

土地规划是城市发展的基础，其基本原则涵盖了多个方面，以确保土地资源的合理利用和城市可持续发展。

1. 合理用地

合理用地是土地规划的核心原则之一。这包括根据城市功能和需求，科学确定不同区域的土地用途，避免过度开发或浪费土地资源。合理用地需要考虑城市的整体发展战略，确保各个功能区域的布局符合城市的长远规划。

2. 生态保护

生态保护是土地规划中不可忽视的原则。规划应当注重保护自然生态系统，合理划定生态保护区域和城市建设区域的边界，减少对自然环境的破坏。在城市建设中，要采用生态友好型设计，保留绿地、湿地等自然要素，促进城市与自然的和谐共生。

3. 城市扩展

城市扩展是规划中需要谨慎考虑的问题。规划应当明确城市的可持续发展方向，避免盲目无序地扩展，导致城市的空间碎片化和资源浪费。合理的城市扩展应当与交通、基础设施建设相结合，确保城市各部分之间的有机连接。

（二）城市用地分类与规划标准

1. 城市用地分类

城市用地根据不同功能和性质被划分为多个类别，其中包括：

商业区：包括购物中心、商业街区等。

居住区：包括住宅小区、公寓区等。

工业区：包括工厂、生产设施等。

公共设施区：包括学校、医院、文化设施等。

绿地与休闲区：包括公园、运动场等。

2. 规划标准

每个城市用地类型都有相应的规划标准，以确保城市的发展符合科学、可持续的原则。

建筑密度：根据不同区域的用途，规定建筑的密度，以控制建筑的高度和容积率，保障空间的合理利用。

绿地率：规划中要考虑城市绿地的保留和增加，规定不同区域的绿地率，以提高城市的生态环境。

交通规划：不同用地类型需要考虑其交通需求，规划中要包括道路、交叉口、公共交通站点等，以确保交通系统的高效运作。

环保标准：对于工业区等可能对环境产生影响的区域，规划中要设置相应的环保标准，以减少环境污染。

二、空间布局设计

（一）城市空间布局的设计原则

城市空间布局的设计原则是城市规划的基础，直接关系到城市居民的生活质量和城市的可持续发展。以下是一些重要的设计原则：

1. 人文关怀

人文关怀是城市规划中至关重要的设计原则之一。它强调以人为本，考虑居民的需求和体验，创造宜居的城市环境。这包括舒适的步行空间、公共休闲区域的设置，以及人性化的城市家园设计。

2. 功能分区

城市空间应当根据不同的功能需求进行合理分区。例如，商业区域、居住区域、工业区域等应当有明确的划分，以保障城市内部各种活动的有序进行。

3. 交通布局

合理的交通布局是城市空间设计的重要组成部分。交通流线的合理规划能够提高城市的通行效率，减少拥堵，同时也影响到城市空气质量和居民的生活便利性。

4. 绿化和开放空间

绿化和开放空间是城市空间中不可或缺的元素。合理的绿化设计可以改善城市的生态环境，提高空气质量，同时也为居民提供了休闲娱乐的场所。

5. 建筑高度和密度

城市空间中的建筑高度和密度应当根据城市的整体规划和功能定位进行合理控制。高度和密度的搭配关系直接影响到城市的外观和居住舒适度。

（二）景观设计在城市空间中的应用

景观设计在城市空间中扮演着关键的角色，不仅仅是美化城市的手段，更是提升居民生活品质、形塑城市形象的重要工具。以下是景观设计在城市空间布局中的应用方面。

1. 理念和设计原则

景观设计理念强调通过创造与自然融合的空间，提升城市的宜居性。设计原则包括可持续性、自然与人文融合、景观的连贯性等。这些原则指导着景观设计师在城市规划中的操作。

2. 技术手段

景观设计运用多种技术手段，包括植物配置、地形塑造、水体设计等。采用先进的数字技术如虚拟现实（VR）技术、三维建模等，使设计者能够更好地展示设计方案，并让决策者和居民更好地理解设计意图。

3. 城市规划的实际应用

景观设计在城市规划中的实际应用不仅限于公园和花园的设计，还包括城市广场、街道、社区等公共空间的塑造。合理的景观设计可以提高城市的整体形象，增加城市的吸引力。

4. 社区参与

在景观设计中，社区参与是至关重要的。通过与居民的沟通，设计者可以更好地了解居民的需求和期望，从而创造出更符合当地文化和社区特色的景观空间。

三、社区规划与公共设施

（一）社区规划的居民参与民主化

社区规划的成功往往取决于居民参与的程度和规模。民主化的社区规划可以通过以下方式实现。

1. 居民会议和研讨会

通过定期召开居民会议和研讨会，居民有机会表达他们的需求、意见和期望。这种形式的参与可以促进社区居民之间的互动和交流，使规划更贴近实际需求。

2. 问卷调查和在线平台

利用问卷调查和在线平台收集居民的意见。这种方式具有广泛覆盖和高效收集信息的特点，可以更全面地了解社区居民的想法。

3. 工作坊和设计竞赛

组织工作坊和设计竞赛，鼓励居民积极参与规划过程，这样的活动可以激发创新思维，使规划更富有活力和多样性。

4. 社区代表和委员会

设立由社区居民选举产生的代表组成的委员会，参与规划决策的制定。这样的机构可以在居民和决策者之间建立桥梁，确保决策更加民主和透明。

5. 教育和信息传递

提供足够的信息和教育，使社区居民了解社区规划的重要性，以及他们参与的机会。透明的信息传递有助于建立起其对规划决策的信任。

（二）公共设施的规划与服务水平

公共设施是社区居民生活的重要组成部分，其规划和服务水平直接影响到居民的生活质量。以下是关于公共设施的规划和提高服务水平的一些建议。

1. 学校规划

首先，人口结构是学校规划的重要考虑因素之一。通过详细的人口统计数据，我们可以了解社区的年龄结构、人口密度及不同年龄段的教育需求。例如，年轻家庭聚集的地区可能需要更多的幼儿园和小学，而老龄化社区可能更需要高中和职业教育机构。因此，在规划学校时，我们应该根据不同社区的实际情况，有针对性地配置教育资源，以满足不同年龄层次学生的需求。

其次，未来发展趋势的预测是规划学校的关键因素之一。社会经济的发展、科技的进步及产业结构的调整都会影响到未来对教育资源的需求。通过分析相关趋势，规划者可以更好地预测未来学生的规模和结构，从而有针对性地建设学校。例如，如果一个地区正在发展成为科技产业中心，那么其可能需要增加与科技相关的学科，提供更多的实验室和创新空间。

再次，教育需求的深入了解是规划学校的基础。这不仅包括当前的教育需求，还应考虑未来的变化。与产业和科技的发展密切相关，学校应该培养学生具备未来社会所需的技能和素养。因此，在规划学校时，我们需要充分考虑到不同阶段学生的需求，确保提供全面而有深度的教育服务。

最后，学校的分布和建筑设计是学校规划的具体体现。合理分布学校，要充分考虑到社区的地理位置、交通便利性及学校之间的协调发展。在建筑设计方面，我们应当符合现代教育理念，提供舒适、安全的学习环境。教室的布局、教学设备的配置及学校的绿化环境都应当得到精心设计，以促进学生的全面发展。

2. 医院和卫生设施

首先，规划医疗设施时我们应考虑社区的人口规模和健康需求。在确定医疗服务点的布局时，我们需要全面了解社区居民的就医需求及其分布情况。通过人口统计数据和流行病学调查，我们可以评估社区居民的健康状况、常见疾病类型和就医偏好。在实际布局中，我们应该合理分配医疗资源，确保医疗设施离居民住所的距离适中，使居民能够方便地获得医疗服务。

其次，提高医疗设施的服务水平是非常重要的。这可以通过引入先进的医疗技术和设备来实现。现代医疗技术的进步为医疗设施带来了巨大的发展机遇。例如，利用远程医疗技术，可以将专家的诊断和治疗经验延伸到偏远地区，提供优质的医疗服务。同时，借助人工智能和大数据分析等技术，可以提高医疗设施的诊断效率和准确性。

再次，医疗设施应与其他卫生设施进行协调规划。卫生设施包括医院外的一系列服务场所，如社区卫生服务中心、妇幼保健院等。这些设施应在规划上相互衔接，形成一个完整的卫生服务网。例如，社区卫生服务中心可以作为基层医疗服务的首站，通过与医院建立良好的转诊机制，确保患者能够及时得到二级及以上医疗设施的专业治疗。

最后，我们应关注医疗设施的可持续发展。在规划医疗设施时，我们要考虑长远因素，如人口增长趋势、健康需求的变化、医疗技术的更新等。医疗设施的规划应具备一定的弹性，以适应未来的变化。此外，我们还应注重加强医疗设施管理和人才培养，确保医疗设施能够持续提供高质量的医疗服务。

3. 公园和休闲设施

首先，规划公园和休闲设施时我们应充分考虑绿地的布局和种植。绿地是公园及其周边环境的重要组成部分，它不仅能提供清新的空气和美丽的景观，还有助于改善居民的生活质量。在规划时，我们应确保绿地的分布均匀，以便居民能够方便地接近绿色空间。同时，我们要合理选择植被种类，根据季节的变化，提供多样性的花卉和植物，为居民提供丰富的观赏和休闲体验。

其次，公园和休闲设施的设施多样性也是非常重要的。不同年龄层次的人有不同的休闲需求，因此，我们在规划时应兼顾各个年龄群体的需要。对于儿童来说，应该设置适宜的儿童游乐设施，如滑梯、秋千等，以促进他们的身体活动和社交互动。对于青少年和成年人来说，可以设置运动器材和健身区域，提供锻炼身体的机会。对于老年人来说，可以设置休闲座椅和漫步小径，提供舒适和安全的环境。此外，我们还可以设立户外音乐区和露天剧场，举办文艺表演和文化活动，丰富居民的文化娱乐生活。

再次，要提高公园的服务水平，保持设施的良好维护。公园作为社区的公共场所，应具备优质的服务标准。这包括定期对设施进行检修和维护，以确保其安全可靠。同时，我们要加强管理，制定合理的规章制度，确保居民在使用公园和休闲设施时能够遵守公共秩序，共同维护良好的环境。公园管理者还应定期组织丰富多彩的活动，吸引居民参与，增加公园的活力和吸引力。

最后，公园和休闲设施应成为社区的宜居之地。在规划过程中，我们应注重场地的环境保护和生态建设，通过合理的废水处理和园林景观布置，保护生物多样性和自然生态系统。此外，我们应充分利用科技手段，如智能化管理系统和绿色能源，提高公园的可持续发展和资源利用效率。

4. 交通和基础设施规划

首先，规划交通和基础设施时我们应充分考虑社区的交通需求。对社区居民的出行方式和出行习惯进行调查和分析，了解他们的出行时间、出行距离和出行目的，以确定合理的交通规划和布局。考虑到不同型号车辆和行人的需求，我们需要合理设置道路、人行道、自行车道等交通设施，以确保交通的流畅和安全。此外，我们还可以考虑引入新能源交通工具和交通管理系统，以提升交通的环保性和智能化水平。

其次，规划要提高基础设施的质量，确保社区居民享有便捷的生活条件。基础设施包括水电供应、通信网络、供暖和排水系统等。在规划过程中，我们应保障水电供应的稳定和可靠，确保居民的基本生活需求能得到满足。同时，我们要建设高速互联的通信网络，提供快速、稳定的互联网接入和通信服务，满足社区居民的信息交流和便利生活的需求。此外，我们要加强供暖和排水系统的建设，提供舒适的居住环境和妥善处理废水和污水，以确保社区的卫生和环保状况。

再次，规划要注重交通和基础设施的可持续发展。在规划过程中，我们应考虑社区的长远发展需求和未来的交通模式变化。例如，可以预留土地用于未来可能的交通扩展和设施建设。同时，我们要提高基础设施的能源利用效率，推广清洁能源，降低碳排放和环境污染。此外，我们要加强对基础设施管理和维护的投入，确保设施的长期运行和完好状态。

最后，要注重社区居民的参与和意见反馈。在规划过程中，我们应积极征集和听取社区居民的意见和建议，充分考虑他们的需求和关切，使规划更加符合实际情况和居民的利益。同时，我们要加强宣传和教育，增强居民的交通意识和基础设施的使用维护意识，共同建设宜居、便捷和可持续的社区。

5. 可持续性和创新

首先，在公共设施的规划中引入可持续性设计理念具有重要意义。可持续性设计关注人与环境之间的平衡，旨在减少对自然资源的消耗和环境的破坏。在公共设施的规划中，我们可以采用绿色建筑设计，通过最大限度地利用自然光线和通风，降低能源的消耗。此外，我们可以采用节水设备和水循环系统，减少对水资源的浪费。在材料选择上，我们应考虑使用可再生材料和环保材料，减少对不可再生资源的依赖。通过引入可持续性设计理念，公共设施可以更好地满足居民的需求，同时减少对环境的负面影响。

其次，创新是提高公共设施效能和服务水平的关键。引入新技术和理念可以推动公共设施的发展和进步。例如，在交通规划中可以引入智能交通系统，通过信息技术和数据分析等手段，提升交通的效率和安全性。在医疗设施中可以应用远程医疗技术，为居民提供更便捷和高质量的医疗服务。在公园和休闲设施中可以结合虚拟现实和增强现实技术，创造出更丰富、多样化的体验方式。通过鼓励创新和引入新技术，公共设施可以不断提高服务水平，满足居民日益增长的需求。

再次，公共设施的可持续性和创新也需要政府和社区的积极支持和参与。政府可以制定相应的政策和法规，鼓励公共设施的可持续发展和创新，提供相关的经济和政策支持。同时，社区居民应该积极参与公共设施的规划和管理，提出自己的意见和建议，以确保公共设施真正满足居民的需求。

最后，我们需要加强相关领域的研究和学术交流，促进可持续性设计和创新的发展。通过开展科学研究，我们可以深入探讨可持续性设计的原理和方法，为公共设施的规划和设计提供理论支持。同时，学术界可以组织学术会议和交流活动，促进研究者和从业者之间的互动和合作，推动可持续性设计和创新在公共设施领域的应用。

项目三　可持续建筑设计与绿色建筑概念

一、环境友好设计原则

（一）能源效益与 Bioclimatic 设计理念

能源效益是环境友好设计的关键考量因素之一。Bioclimatic 设计理念旨在最大化建筑自身与自然环境的协同作用，减少对外部能源的依赖。以下是该理念的一些核心原则。

1.passively 预热和冷却

利用建筑的朝向、通风和遮阳等 passively 设计元素，最大限度地减少其对机械供暖和空调系统的需求。这包括合理布局建筑、优化窗户位置和尺寸，以在冬季吸收更多阳光，在夏季保持凉爽。

2. 材料选择与保温

选择环保材料，并考虑其绝缘性能，以减少建筑的热量传导。通过使用可再生材料和高效绝缘材料，建筑可以在保持舒适的同时减少对供暖和冷却系统的需求。

3. 可再生能源的整合

结合可再生能源系统，如太阳能电池板、风力发电机等，以满足建筑的部分或全部能源需求。这种方式不仅减少了对传统能源的依赖，还促进了可再生能源的发展。

4. 生态系统整合

利用周围自然生态系统，如树木、湿地等，以最大程度地降低温度，并提高建筑的舒适度，在设计中融入自然元素，打造更宜居的生活环境。

（二）生态系统服务与设计决策

生态系统服务是自然生态系统提供给人类的各种益处，包括但不限于空气净化、水资源供给、自然风景等。在环境友好设计中，考虑这些生态系统服务对设计决策的影响是至关重要的。

1. 绿化与生态平衡

引入大规模绿化计划，不仅可以美化建筑周围的环境，还有助于改善空气质量、吸收雨水、调节温度。绿化带来的生态平衡也对建筑周围的生态系统起到了积极作用。

2. 湿地保护与防洪

在设计决策中考虑周边湿地的保护，不仅有助于维护生物多样性，还能以湿地作为自然的防洪系统。合理规划建筑的位置，避免对湿地的破坏，促进水资源的可持续利用。

3. 水资源可持续利用

设计中应考虑采用雨水收集系统、灰水回收系统等，以减少对传统水资源的依赖。这有助于维持水资源的平衡，降低建筑对当地水源的压力。

4. 生态走廊的规划

考虑建筑周围生态走廊的规划，以促进动植物的迁徙，维护生态平衡。合理规划和设计，确保建筑与周边生态系统的良好互动。

（三）结合设计决策的综合效果

综合考虑 Bioclimatic 设计和生态系统服务，可以建设更环保、可持续的建筑。通过合理的能源效益设计，建筑可以更好地融入周围环境，减少对外部资源的依赖。同时，将生态系统服务考虑在内，设计决策将更有利于建筑与自然环境的和谐共生，促进可持续发展。

二、可持续建筑评估标准

（一）LEED（Leadership in Energy and Environmental Design）评估体系

1.LEED 评估体系简介

LEED 是一种国际性的可持续建筑评估体系，旨在鼓励建筑行业采用环保、节能、可持续发展的设计和施工方法。LEED 评估体系包括一系列标准，分为不同的级别，其中包括：

（1）LEED 认证级别

LEED 评估体系分为四个级别，从低到高分别为 Certified（认证）、Silver（银级）、Gold（金级）和 Platinum（白金级）。建筑项目根据达到的 LEED 标准的不同，可以获得相应级别的认证。

（2）LEED 评估要素

LEED 评估主要包括能源与大气、水资源、材料与资源、室内环境质量、创新与设计过程五个方面。每个方面都有具体的评估要素，如能源效益、再生能源使用、用水效率、可持续材料使用等。

2.LEED 认证的实施过程

（1）注册

建筑项目首先需要在 LEED 网站上注册，并选择适用的 LEED 评估标准。

（2）设计与施工

在整个设计和施工阶段，项目团队需要按照 LEED 的标准进行相关工作，包括使用环保材料、优化能源效益、提高室内环境质量等。

（3）提交材料

项目团队需要在完成项目后，提交相关的文档和证明材料，以证明项目达到了 LEED 的要求。

（4）评估与认证

LEED 的专业评估团队将对项目进行评估，确保其符合 LEED 的标准。如果评估通过，项目将获得相应级别的 LEED 认证。

（二）BREEAM（Building Research Establishment Environmental Assessment Method）评估体系

1.BREEAM 评估体系简介

BREEAM 是英国建筑研究机构（BRE）制定的一种环境评估方法，主要用于评估建筑和土地的可持续性。与 LEED 类似，BREEAM 也分为不同级别，包括 Pass（合格）、Good（良好）、Very Good（很好）、Excellent（卓越）和 Outstanding（杰出）五级。

2.BREEAM 的评估要素

BREEAM 评估体系主要包括管理、健康与舒适、能源、运输、水、材料、土地使用与生态系统七个类别。每个类别下都有具体的评估标准，例如，能源类别包括对能源使用效率的评估，材料类别包括对可持续性材料的使用等。

（三）LEED 与 BREEAM 的异同

1. 国际适用性

LEED 在全球范围内得到广泛应用，而 BREEAM 起初主要在英国和欧洲使用。然而，随着时间的推移，BREEAM 也逐渐扩展到国际市场。

2. 评估重点

两者在评估重点上有所不同，LEED 更注重能源和室内环境质量，而 BREEAM 涵盖了更多方面，包括土地使用和生态系统。

3. 评估方法

LEED 采用总分制，项目需要达到一定的总分才能获得相应的认证级别。而 BREEAM 则是根据各类别的得分情况，采用加权平均得分确定最终级别。

（四）影响和价值

LEED 和 BREEAM 的出现为建筑行业提供了明确的可持续性标准，鼓励和推动建筑行业转向更环保、可持续的方向。它们不仅为设计者和开发商提供了一个可参考的框架，也促使了技术和材料的不断创新，为地球环境的保护做出了积极贡献。

三、绿色建筑材料与技术

（一）可再生材料的应用与挑战

1. 可再生材料的应用

（1）竹木的应用

竹木是一种快速生长的可再生材料，具有较高的强度和轻质特性。在建筑中，竹木可以用于结构支撑、地板、墙面等，既提供了可持续的建筑材料，又具备良好的工程性能。

（2）麻纤维的应用

麻纤维是一种天然植物纤维，具有轻盈、耐用、可降解的特点。在建筑中，麻纤维可以用于制作环保型绝缘材料、墙壁装饰，甚至建筑结构中的增强材料。

2. 可再生材料的优势

（1）环保

使用可再生材料有助于减少对非可再生资源的依赖，降低建筑产业的环境影响。

（2）可持续性

可再生材料通常具有较短的生长周期，能够更快地恢复，符合建筑可持续发展的理念。

（3）降低碳足迹

生产可再生材料通常需要较少的能源，因此其碳足迹相对较低，有助于建筑的低碳化。

3. 可再生材料的挑战

（1）供应不稳定

部分可再生材料的供应受到气候、地域等因素的影响，可能存在供应不稳定的问题。

（2）技术难题

一些可再生材料在处理和加工过程中可能面临技术难题，需要进一步的研究和创新。

（3）成本

相比传统建筑材料，一些可再生材料的生产成本可能较高，这导致建筑项目成本的提升。

（二）智能建筑技术的创新

1. 智能建筑技术的创新

（1）智能照明系统

利用感应器和自动控制系统，实现根据环境亮度和使用需求自动调节照明，提高能源利用效率。

（2）智能温控系统

基于先进的传感技术，智能温控系统可以实时监测和调整建筑内部温度，提供舒适的室内环境，同时减少能源浪费。

（3）智能安全系统

利用智能监控摄像头、人脸识别技术等，提高建筑的安全性，实现对入侵和紧急状况的及时响应。

2. 智能建筑技术的重要性

（1）能源效率提升

智能建筑技术通过优化能源使用，降低浪费，从而提高建筑的能源效率。

（2）用户体验改善

智能建筑技术可以根据用户的习惯和需求，自动调整建筑内部环境，提升居住和工作的舒适度。

（3）可持续发展

智能建筑技术有助于建筑的可持续发展，通过降低能源消耗和提高资源利用效率，减少对环境的负面影响。

思考题

1. 建筑设计中的创意与社会文化的关系

探讨建筑设计中的创意如何受到当地社会文化的影响。思考设计理念如何融入当地文化元素，以创造具有独特性和社会认同感的建筑。

2. 建筑设计中的数字化技术对创意的影响

分析数字化技术在建筑设计中的应用，如 BIM、虚拟现实技术等，对设计创意的激发和实现过程有何影响。思考数字化技术如何提高设计的效率和精度。

3. 土地利用规划中的可持续性原则

探讨土地利用规划中如何融入可持续性原则，包括如何平衡开发与保护、优化土地资源利用，以及考虑生态系统的健康。思考在规划阶段如何确保未来社区的可持续发展。

4. 绿色建筑材料与技术对建筑可持续性的贡献

以绿色建筑材料和技术为核心，讨论它们如何降低建筑的环境影响，提高能效，以及其对室内空气质量的影响。思考绿色建筑在可持续性方面的实际效果。

5. 建筑设计中的社区规划与社会互动

着眼于社区规划，思考如何通过建筑设计促进社区的社会互动。分析社区规划在公共设施、空间布局等方面如何影响社区居民的生活质量。

模块四　施工技术与实践

项目一　施工技术概述

一、施工方法与流程

（一）施工方法的选择与项目特性

在选择施工方法时，我们需要充分考虑项目的规模、性质和预算等因素，并结合实际情况选取最合适的方法。以下是一些常见的施工方法及它们适用的项目特性：

1. 传统施工方法

传统施工方法是最常见的一种方法，适用于规模较小的项目，施工过程相对简单，不需要大量的专业设备和技术。这种方法有利于控制成本和风险，适合于预算有限或者时间紧迫的项目。

2. 钢结构施工方法

钢结构施工方法适用于需要大跨度和高承载能力的建筑物，例如大型厂房、桥梁等。钢结构具有轻巧、刚性和可重复利用等优点，可以加快施工速度并提高质量，但需要更高的预算和技术要求。

3. 预制施工方法

预制施工方法是在工厂环境中预先制造建筑构件，然后将其运输到现场进行组装。这种方法适用于需要大量重复构件或者在现场条件有限的项目。预制施工可以节省时间和人力资源，提高质量并减少浪费。

4. 建筑信息模型（BIM）施工方法

BIM 施工方法通过使用虚拟建模技术，可以在项目开始之前模拟整个施工过程。这种方法可以帮助预测和解决潜在的问题，提前调整施工流程，提高效率并减少错误和重复工作。

5. 新型施工方法

随着科技的发展，出现了许多新型的施工方法，如 3D 打印建筑、机器人施工等。这些方法具有高度自动化和高效率的特点，可以大幅缩短施工周期和降低成本，但需要更高的资金投入和技术支持。

对于不同的项目特性，施工方法的选择应综合考虑项目的需求、技术可行性、成本效益和风险管理等因素，确保实现最佳的施工效果。

（二）施工流程的规划与调整

施工流程的规划与调整对于项目的成功非常重要。在项目初期，我们应根据项目的特点和要求，进行全面的施工流程规划。以下是一些关键步骤：

1. 研究项目需求和约束

了解项目需求，包括工期要求、质量标准、安全要求等，并确定项目的约束条件，如预算限制、技术要求等。

2. 编制施工计划

根据项目需求和约束条件，编制详细的施工计划，包括施工顺序、时间安排、资源分配等，确保施工活动之间的协调和依赖关系，避免冲突和延误。

3. 分阶段进行施工

将施工过程分为不同的阶段，按照优先级和依赖关系确定每个阶段的施工顺序。逐步完成各个阶段的施工任务，确保整个项目的稳定推进。

4. 监控施工进度和质量

实时监控施工进度和质量，及时调整和改进施工流程，确保项目按时、合格地完成。利用现代技术和管理工具，如进度管理软件、实时监测系统等，提高监控效率。

5. 灵活调整施工流程

根据实际情况和变化需求，灵活调整施工流程。例如，应对天气变化、供应链问题或其他不可预见的情况，及时做出调整，保证项目顺利进行。

二、施工技术与工艺

（一）先进施工技术的应用

先进施工技术的应用对于提高施工效率和降低成本具有重要意义。以下是两个常见的先进施工技术的应用及其优势：

1. 模块化建筑

模块化建筑是一种将建筑物分割为独立的模块，然后在工厂中预制，最后再在现场进行组装的施工方法。这种方法可以提高施工速度、降低人力成本，并减少浪费和错误。模块化建筑采用标准化设计和制造过程，可以实现更高质量的控制和更快的施工速度。此外，模块化建筑还具有可重复利用性，有利于可持续发展。

2. BIM 技术

BIM 技术是建筑信息模型的缩写，通过创建建筑模型并在其中添加各种信息，实现建筑设计、施工和运营的整合管理。BIM 技术可以帮助实现项目各方之间的协作和沟通，减少设计和施工阶段的冲突和错误。虚拟建模，可以进行可视化的冲突检测和进度计划，提高设计和施工的精确性和效率。BIM 技术还能够提供详细的材料清单和量化分析，有助于成本控制和资源管理。

这些先进施工技术在不同项目中的适用性取决于项目的特点和需求。例如，在大型公共建筑项目中，模块化建筑可通过工厂化生产和现场组装来提高效率，而在复杂的基础设施项目中，BIM 技术可以帮助实现多个专业领域的协同施工。

（二）传统工艺与创新工艺的融合

传统工艺与创新工艺的融合有助于提高建筑施工的效能和质量。以下是两种传统工艺与创新工艺融合的例子：

1. 传统砌筑与预制构件结合

传统的砖石砌筑是一种常见的建筑施工工艺，但其施工速度相对较慢且工作量大。为了提高效率，我们可以使用预制构件，如混凝土墙板或墙体板，与传统砌筑相结合。预制构件可以在工厂环境中高质量地制造，然后在现场拼装，从而减少施工时间和人力成本。

2. 传统木工与数控切割机结合

传统木工工艺在建筑施工中得到广泛应用，但依赖于手工操作，易受到误差和变形的影响。通过引入数控切割机，我们可以实现精确的切割和加工，提高制品的质量和一致性。数控切割机可以根据设计图纸自动完成切割，提高工作效率，减少浪费，这使得传统木工工艺更具可靠性和稳定性。

三、施工管理与组织

（一）项目团队的组建与协作

1. 合理组建施工项目团队

施工项目团队的组建需要考虑以下因素：

（1）项目需求

根据项目的性质、规模和复杂程度，确定所需要的各个专业角色和人员数量。例如，大型基础设施项目可能需要土木工程师、结构工程师、电气工程师等不同专业领域的工程师。

（2）职责和职能

明确团队成员的职责和职能，确保每个成员在项目中扮演合适的角色，并具备所需的技能和经验。例如，监理人员应具备监督施工过程、确保符合设计和质量要求的技能。

（3）团队动力与配合

培养团队成员之间的共同目标意识和合作精神，激发团队内部的积极性和创造力。建立良好的沟通机制和团队文化，鼓励成员之间的互动和分享。

2. 团队协作与问题处理

团队协作对于施工项目的成功至关重要。以下是团队协作中可能出现的问题及解决方法：

（1）沟通交流

团队成员之间的沟通交流是协作的关键，需建立明确的沟通渠道和规范。定期召开团队会议、工作汇报及使用现代化的沟通工具有助于提高信息的传递和团队协作。

（2）冲突管理

团队成员之间可能存在意见不合或利益冲突的情况，需要及时识别并妥善解决，避免对项目产生不良影响，采取开放、坦诚的沟通方式，寻求共同利益点，并在必要时引入中立的第三方进行调解。

（3）角色明确定义

明确团队成员的职责和角色，确保每个人都清楚自己的工作职责和目标，并充分发挥个人的专业优势。建立相互信任和尊重的氛围，鼓励团队成员之间互相支持和合作。

（二）施工组织结构与决策层次

1. 施工组织结构的设计原则

施工组织结构的设计应根据项目的规模、复杂性和特点来确定。以下是设计施工组织结构的一些原则：

（1）层级设置

适当设置层级，确保信息的传递和决策的高效执行。过多的层级可能导致决策缓慢和信息流通不畅，过少的层级可能增加了单个层级的负担和压力。

（2）职责划分

明确团队成员的职责和职能，确保每个人都知晓自己在组织中的角色和所负责的工作范围。同时，鼓励合作与协作，避免职责重叠和信息孤岛的情况产生。

2. 决策层次的合理设置

合理的决策层次设计有助于信息的流通与决策的迅速执行。以下是一些考虑因素：

（1）分权决策

将决策权限合理地下放到相应的层级，促进快速决策和实施。例如，在当地基层施工组织中，可以下放一些决策权限，以便更灵活地处理现场问题。

（2）快速决策

对于一些紧急情况或需要立即响应的问题，可以设立应急决策层级，以便迅速做出决策并执行，避免延误对项目的影响。

（3）决策流程简化

优化决策流程，减少烦琐的审批程序和冗余环节，提高决策的效率。引入现代化的信息技术和管理工具，如在线协作平台和实时数据分析系统，加速决策的传递和执行。

项目二　施工流程与方法

一、施工前准备

（一）施工场地的环境评估

1. 土壤条件评估

在施工前期，进行土壤条件评估是非常重要的任务。通过对施工场地土壤进行详细调查和测试，我们可以评估土壤的承载能力、稳定性和可利用性，为后续的基础工程设计和施工方案提供依据。

具体工作包括：

- 采集土壤样品，并进行物理性质检测，如土壤颗粒分析、含水量测试等，以了解土壤的基本特征。

- 进行土壤力学试验，如剪切试验、压缩试验等，评估土壤的强度和变形特性。

- 进行基质液化分析，预测土壤在震动作用下可能发生的液化现象。

- 研究土壤的渗透性和水文特征，评估地下水位和地表排水情况。

综合上述评估结果，确定土壤的工程地质类别和相应的工程处理措施，为施工的顺利进行提供基础支持。

2. 地质勘察与地形测量

地质勘察和地形测量是施工前期调研的重要内容。通过对施工场地的地质构造、地层情况和地形特征进行综合分析，我们可以预测可能出现的地质灾害风险，并在施工规划中加以考虑。

具体工作包括：

- 进行地质勘探，包括钻探、试坑和地物探测等手段，获取地下地质信息。
- 分析地质剖面和地层分布图，判断地质构造和岩土层的性质和特点。
- 进行地面地形测量，获取场地地势高程、地形起伏等信息。
- 针对特殊地质问题，如滑坡、地震活动等，进行专门的地质勘察和评估。

地质勘察和地形测量的结果，可以为施工方案的制定提供科学依据，减少地质灾害对项目的可能影响。

（二）资源调查与评估

1. 人力资源评估

在项目前期调研和规划阶段，对项目所需的各类技术人员和工人进行评估至关重要。通过合理分析和评估人力资源情况，我们可以确保工程施工过程中的人力配备充足，从而保证项目的顺利进行。

具体工作包括：

- 分析项目所需的各类技术人员和工人数量，并评估当前市场上的供应情况。
- 对技术人员和工人的专业背景、工作经验、技能水平进行评估。
- 分析项目人力资源的潜力和发展空间，进一步优化人力资源配置。

科学的人力资源评估，可以避免人员短缺或过剩的情况发生，提高施工效率和质量。

2. 物资资源调查

在项目前期，对项目所需的物资资源进行调查和评估是十分重要的。合理评估物资资源的供应能力和品质，以确保施工过程中物资的及时供应和保证质量。

具体工作包括：

- 调查市场上各类建筑材料、设备、机械等物资的供应情况和行业动态。
- 评估不同供应商的信誉度、产品质量和服务水平，选择可靠的供应商。
- 分析物资资源的价格波动和供需关系，制定采购策略，以降低成本和风险。

细致的物资资源调查和评估，可以为采购和供应链管理提供参考，确保项目物资资源的充足和质量的可靠性。

（三）规划与可行性研究

1. 施工方案规划

施工前期的规划工作是确保项目顺利进行的关键。制定详细的施工方案，合理安排工期、资源和人员，确保施工过程的有序推进。

具体工作包括：

- 制订工期计划，明确各个施工阶段所需的时间和关键节点。

- 分配和优化资源，确保物资、设备和人力资源的合理配置。

- 规划施工流程，确定各工序的先后顺序和协调关系，以确保项目的顺利推进。

施工方案规划需要考虑多个因素，如工程特点、环境条件、技术要求等，需通过综合分析和多方协调确保合理性和可行性。

2. 可行性研究

在项目前期，对项目的可行性进行全面研究和评估是至关重要的。考虑技术、经济、环境和法律等多个方面的因素，预估项目的风险和潜在问题，并为决策提供科学依据。

具体工作包括：

- 技术可行性研究：评估项目所需的技术条件和能力，确定能否实现项目目标。

- 经济可行性研究：分析项目的投资回报率、成本收益比等经济指标，评估项目的可行性和经济效益。

- 环境影响评价：评估施工活动对环境可能产生的影响，并提出相应的环境保护措施和改进建议。

- 法律法规遵循：审查项目是否符合国家和地方相关法律法规的要求，确保项目的合法性和合规性。

综合上述可行性研究的结果，可以为项目决策提供重要参考，确保项目的成功实施。

二、施工过程控制

（一）工程进度与资源管理

1. 进度计划的制订

（1）项目工期确定

根据工程的复杂程度和施工条件，合理确定项目的工期目标。考虑到各种可能的不确定因素，如天气、材料供应等，预留适当的缓冲时间。

（2）分解工作任务

将项目分解为具体的工作任务，并进行优先级排序。确保每个任务都可以明确指定责任人、完成时间和依赖关系，以便实现整个项目的有序推进。

2. 资源配置与管理

（1）人力资源管理

合理评估所需的人力资源，并根据项目进度和工作量分配合适的人员，通过合理的人员激励机制和团队管理来激发员工的积极性和创造力。

（2）物资资源管理

为所需的物资进行合理的采购规划，并与供应商保持良好的沟通和协调。建立健全的物资管理制度，确保物资的及时供应和有效利用。

3.进度控制与调整

（1）监督与检查

建立有效的监督和检查机制，定期对项目进展情况进行跟踪和评估，及时发现问题和潜在风险，并采取必要的措施进行调整和处理。

（2）进度分析与优化

通过进度报告和分析工具，对项目进展进行定量和定性分析。识别关键路径、瓶颈环节和潜在风险，并进行合理的优化和调整，以确保项目进度目标的实现。

合理的进度计划和资源管理，可以最大程度地提高施工效率和资源利用率，确保项目按时完成。

（二）质量控制与安全保障

1.质量控制

（1）质量标准的制定

制定具体的质量标准和验收标准，并将其明确传达给项目团队和承包商。标准应涵盖项目各个方面，包括材料选用、工艺流程和施工质量等。

（2）质量监督与检验

建立健全的质量监督和检验机制，定期对施工过程和成果进行抽查和评估。使用相关工具和设备进行检测和测试，确保项目符合质量标准。

2.安全保障

（1）制定安全规范和操作规程

制定明确的安全规范和操作规程，确保项目按照安全要求进行施工。教育和培训项目参与人员，增强他们的安全意识和操作能力。

（2）施工安全监督与管理

设立专门的安全监督岗位，进行日常的安全巡查和隐患排查。建立健全的事故报告和处理机制，及时处理并纠正存在的安全问题。

3.质量控制与安全保障的监督与执行

（1）质量和安全责任落实

明确项目团队和相关承包商的质量和安全责任，建立健全的责任追究机制。实行严格的考核和奖惩制度，激励项目成员积极投入质量和安全工作。

（2）质量及安全培训和宣传

加强质量和安全知识的培训和宣传，增强项目成员的质量和安全意识，形成共识和共同努力，确保各方全力以赴履行相关责任。

严格的质量控制和安全保障措施，可以最大限度地减少施工过程中出现的质量问题和安全事故，确保项目的顺利进行和参与人员的身体健康。

三、施工后的验收与总结

（一）工程验收标准与流程

1. 工程验收标准的制定

（1）施工质量验收

根据相关行业标准和规范，制定明确的施工质量验收标准，包括结构稳定性、材料使用质量、装饰装修工艺等方面的要求。

（2）安全性验收

建立健全的工程安全验收标准，确保项目符合国家和地方的安全法规要求，包括现场安全措施、施工环境安全等方面的考核。

2. 工程验收流程的设计

（1）前期准备

明确验收时间、地点和参与人员，组织相关资料和文件进行归档和整理。准备验收工具和设备，并对验收流程进行详细规划。

（2）实地验收

由专业人员组成的验收小组对施工项目进行实地验收。根据验收标准对工程质量、安全性等进行检查和评估，并记录相关数据和发现的问题。

（3）验收报告和审批

编制详细的验收报告，概述验收结果和存在的问题。提交报告给相关部门进行审批，经过验收合格后进行下一步的程序。

在工程验收过程中，我们应严格按照标准和流程进行，以确保项目能够达到预期的标准和要求。

（二）项目总结与经验积累

1. 项目总结的重要性

（1）评估项目成果

对施工过程和实际成果进行全面评估，确保项目的质量和可行性。验证项目计划和实施效果，发现问题并及时加以解决。

（2）经验积累与传承

总结施工过程中的成功经验和问题，并将其记录下来。通过分享和传承，不断提高施工管理水平和工程质量。

2. 成功经验的总结

（1）工程管理经验

总结施工过程中的工期控制、资源管理和团队协作等方面的成功经验，包括项目规划、协调能力和风险管理等方面的经验。

（2）质量管理经验

总结质量控制和验收活动中的成功经验，包括质量标准的制定、检验和控制等方面的经验。

3. 问题及改进的总结

（1）问题梳理与分析

对施工过程中出现的问题进行梳理和分析。找出问题产生的原因，并提出相应的解决方案和改进措施。

（2）质量和安全隐患的整改

及时整改质量和安全隐患，确保项目的质量和安全性。建立健全的问题反馈和处理机制，确保类似问题不再发生。

项目三 施工现场管理与协调

一、施工团队协作

（一）团队组建与角色分工

1. 团队组建原则

（1）专业能力

选择具备相关专业背景和技能的团队成员。他们应该具备所需的技术和知识，能够胜任各自的工作任务，并在特定领域有一定的专业素养。

（2）经验丰富

在团队中招募具有丰富经验的成员非常重要。他们应该在类似的项目上有成功的经验，能够迅速理解项目的需要并提供解决方案。他们也能够面对不可预测的挑战，并找到解决的方法。

（3）团队协作能力

团队成员的合作和协调能力对项目的顺利进行至关重要。他们应该能够有效沟通和交流，共同合作并相互支持。通过密切合作，团队能够更好地解决问题、优化过程，并推动项目向前发展。

2. 角色分工

在施工团队中，角色分工是确保项目顺利进行的重要因素。

（1）项目经理

项目经理负责整个施工项目的统筹管理和协调工作。他们需要制订项目计划、安排资源、跟踪进度，并与各方沟通协调，确保项目按时完成并达到预期目标。

（2）设计师

设计师负责工程设计与方案制定。他们根据客户需求和项目要求，进行设计规划和图纸制作，确保设计方案具备合理性、可行性和安全性。

（3）工程师

工程师在施工过程中担任具体的指导和技术支持角色。他们负责提供专业的技术指导，解决施工中遇到的问题，并确保施工符合相关技术标准和规范要求。

（4）施工人员

施工人员是负责具体施工工作的关键角色。根据设计和工程师的要求，他们执行具体的施工任务，包括材料的安装、施工过程的管理和质量控制等。

（5）监理人员

监理人员负责对工程进度、质量和安全等方面进行监督和检查。他们确保施工过程符合相关法规和标准，并及时发现和解决可能存在的问题。

（二）沟通与信息分享

1. 沟通机制

（1）定期会议

定期召开项目会议，及时沟通项目进展、问题和需求等重要信息。

（2）沟通工具

使用实时沟通工具，如即时通信软件、在线协作平台等，促进团队成员之间的快速沟通和信息交流。

2. 信息分享

（1）定期会议

定期召开项目会议，让团队成员汇报工作进展、讨论项目问题和需求等重要信息。会议应该有明确的议程和目标，并确保参会人员可以充分发表意见和提出建议。

（2）沟通工具

使用实时沟通工具，如即时通信软件或在线协作平台，方便团队成员之间的快速沟通和信息交流。通过这些工具，团队成员可以随时发送和接收消息、共享文件和文档，解决问题并取得反馈。

（3）电子邮件 / 内部网站

使用电子邮件或内部网站作为信息传递和共享的平台。发送邮件或发布公告，可以及时地将重要信息传达给整个团队，并保留对话的记录和归档。

（4）定期报告

团队成员可定期提交工作报告，汇报自身的工作进展、遇到的问题和解决方案等。这有助于团队成员了解各自的工作情况，避免信息的滞后和断层。

（5）面对面沟通

尽可能地进行面对面沟通，特别是涉及重要决策和问题解决时。面对面沟通可以更好地传递信息，增进理解，减少误解。

3. 高效协作

（1）明确目标

团队成员需要明确共同的目标，并确保每个成员都理解并积极参与实现这些目标。目标应该具体、可衡量和可实现，以帮助团队成员聚焦并共同努力。

（2）合理分工

根据团队成员的专业背景和能力进行任务分工。每个成员应该承担与其专业背景和技能相符的工作，并充分发挥自己的优势。合理分工可以提高效率和质量，并确保工作按时完成。

（3）建立反馈机制

建立团队成员之间的反馈机制，鼓励及时提供正面反馈和改进意见。团队成员可以互相支持和鼓励，赞赏彼此的工作成果，并提供建设性的反馈和改进建议。这种反馈机制有助于团队不断学习、优化工作流程和提高绩效。

二、安全与环保管理

（一）安全管理体系建立

1. 重要性

建立健全的安全管理体系是保障施工现场安全的关键。它可以提供一套清晰的准则和程序，确保施工过程中的安全风险得到有效管控。

安全管理体系的建立有助于预防事故发生，保护劳动者的生命安全和身体健康，减少经济损失，并维护企业的声誉。

2. 制定安全规章制度

确定施工现场的安全管理政策和目标，明确各方的责任和义务。

制定相关的安全规章制度，包括作业程序、应急预案、个人防护用品的使用等，确保施工过程遵守安全要求。

3. 进行安全培训

为所有在施工现场工作的人员提供必要的安全培训，包括但不限于安全操作规程、事故预防、紧急情况处理等。

定期组织安全培训，并确保培训内容与现实工作密切相关。

4. 符合相关的安全标准

遵守国家和地方相关的安全法规和标准，确保施工过程符合规定的安全要求。

定期进行安全检查和评估，发现并及时纠正潜在的安全隐患。

（二）环保管理与可持续施工

1. 绿色建筑材料的选择与推广

首先，绿色建筑的核心在于选择符合环保标准的建筑材料。低挥发性有机化合物是一种关键考虑因素。选择低挥发性有机化合物建筑材料有助于减少室内空气中的有毒气体排放，提高施工现场和建筑物的室内空气质量。

其次，对可再生材料和无公害材料的广泛应用也是绿色建筑的关键。这类材料不仅可以减少对有限资源的依赖，还能够降低施工活动对环境的不良影响。鼓励采用这些材料，可以在建筑施工过程中减轻地球的负担。

推动使用获得绿色建筑认证的材料是可持续施工的另一有效途径。这些认证材料符合严格的环保标准，通过其使用，可以有效减少资源的消耗和环境污染，从而提升整体施工的可持续性。

2. 循环利用的促进与管理

（1）可循环利用材料和设备

在可持续施工中，循环利用是一个关键概念。选择可循环利用的材料和设备，旨在减少建筑废弃物的产生。建立有效的循环利用系统，可以最大程度地延长材料和设备的寿命，降低资源浪费。

（2）废弃物的分类和处理

采取适当的废弃物分类和处理措施是可持续施工中的一项必要工作。建立规范的废弃物处理流程，可以有效降低对环境的负面影响。将建筑废弃物进行分类，有助于实现有效的资源回收，减少对自然资源的开采。

（3）建筑材料的回收和再利用

为促进可持续施工，建筑材料的回收和再利用是不可或缺的一环。建立回收体系，可以有效减少对原材料的需求，从而为可持续发展做出贡献。

3. 节能减排措施的实施

（1）高效节能设备的使用

为降低建筑运营过程中的能源消耗，采用高效节能设备是一项重要的措施。从照明系统到空调系统，引入先进的节能技术，有助于降低建筑的整体能耗。

（2）建筑外墙和屋顶保温的改善

改善建筑外墙和屋顶的保温性能是提高建筑能效的有效手段。采用隔热材料和高效绝热技术，可以减少能源在建筑过程中的消耗，实现节能减排的目标。

（3）温室气体排放的控制

在施工现场，控制温室气体排放是可持续施工的一项关键任务。采取科学的施工管理措施，如有效的粉尘控制、废气治理和噪声控制，可以降低对环境的不良影响，减少温室气体的排放。

4. 水资源管理与可持续用水

（1）合理的水资源管理策略

在建筑过程中，合理的水资源管理策略对于可持续施工至关重要。这包括减少水的浪费、提倡雨水收集用于灌溉等。科学规划和管理，可以最大限度地减少对水资源的需求，实现可持续用水的目标。

（2）节水设备和技术的应用

引入节水设备和技术是另一项有效的措施。采用高效的水龙头、低流量马桶等节水设备，可以在建筑使用阶段实现对水资源的节约。科技创新，不断提升节水设备的性能，有助于实现可持续用水的目标。

三、施工进度与质量控制

（一）进度控制与技术监测

1. 制订详细的施工计划

（1）明确工程的关键节点和里程碑

在制订施工计划的初期，我们的首要任务是明确工程的关键节点和里程碑。关键节点是项目进度中不可或缺的关键时间点，其延误可能对整个项目造成较大影响。里程碑是项目中的重要事件或阶段完成的标志性时刻。通过明确这些节点和里程碑，项目管理团队能够建立一个清晰的时间框架，有助于更好地组织施工活动。

（2）合理分配各项工程任务的时间

在明确了关键节点和里程碑后，下一步是合理分配各项工程任务的时间。这需要综合考虑各个工程环节的复杂性、依赖关系和资源供给等因素。合理分配工程任务时间，不仅有助于确保施工过程的流畅进行，还可以最大程度地提高资源利用效率。在这一阶段，项目管理团队需要与各工程部门紧密协作，了解实际施工中可能遇到的问题，制定相应的解决方案。

（3）采用 PERT/CPM 等项目管理工具进行全面而系统的分析

为更好地对施工计划进行全面而系统的分析，采用项目管理工具是不可或缺的。PERT（Program Evaluation and Review Technique）和 CPM（Critical Path Method）是常用的项目管理工具，其能够帮助项目管理团队分析和优化施工计划。PERT 主要用于不确定性较大的项目，CPM 则更适用于较为确定和稳定的项目。通过使用这些工具，项目管理团队可以更加准确地确定工程的关键路径，及时发现潜在的风险和瓶颈，有针对性地进行管理和控制。

（4）透明计划对项目整体进度掌控的意义

透明计划是确保项目整体进度得到掌控的重要手段。通过将施工计划透明化，即使是广大项目团队的成员，也能清晰了解项目的时间表和进展情况。透明计划有助于及时发现潜在问题，提高团队协作效率，降低项目风险。采用专业的项目管理软件，将计划以图形化、可视化的方式展示，不仅使得信息更容易被理解，还能够实现实时更新，确保项目管理团队始终站在信息的前沿。

2. 使用项目管理工具

（1）选择适用的项目管理工具

在采用项目管理工具之前，我们首先需要明确项目的特点和需求，选择适用的工具。Microsoft Project 和 Primavera 是当前市场上较为常用的项目管理软件，它们都具有强大的功能和灵活的操作性。Microsoft Project 适用于中小型项目，具有用户友好的界面和简便的操作；Primavera 则更适合大型复杂项目，能够处理更多的细节和依赖关系。选择合适的工具是保证施工进度控制顺利进行的第一步。

（2）建立直观、动态的施工进度图

项目管理工具的核心作用之一是建立直观、动态的施工进度图。明确项目的关键节点和任务，将它们以图形的形式展示，可以使整个项目的时间轴一目了然。在这个过程中，我们需要细致分析任务之间的逻辑关系和依赖关系，确保图表反映实际施工的复杂性。通过建立这样的图表，项目管理团队能够更好地理解项目的整体情况，及时发现问题并采取相应的纠正措施。

（3）实时监测任务完成情况

项目管理工具的优势之一是能够实时监测任务的完成情况。通过不断更新工程进度，项目管理团队可以随时了解各个任务的实际进展，与预定计划进行比较。这有助于及时发现潜在的延误或风险，提前采取措施防范可能的问题。实时监测还能够为团队成员提供清晰的工作方向，使得每个成员都能明确自己的任务和责任。

（4）提高整体施工效率

通过使用项目管理工具，项目管理团队能够更高效地进行决策和资源调配。实时监测和直观的施工进度图为团队提供了数据支持，使得决策更加准确明晰。合理分配资源，可以更好地满足项目需求，提高整体施工效率。工具的自动化功能还能够减轻管理人员的负担，使得他们能够更专注于解决项目中的复杂问题。

3. 技术监测的重要性

（1）技术监测的定义和目的

技术监测是通过一系列现代化的设备和手段，对施工现场的关键技术参数进行实时监测和记录。其目的在于确保施工过程中各项技术指标符合设计和标准要求，从而提高工程质量。技术监测包括但不限于对尺寸、形状、结构强度、材料性能等方面的监测，旨在及时发现和解决可能影响工程质量的问题，确保工程按照预期标准完成。

（2）现代监测设备的应用

现代监测设备的应用为技术监测提供了更为精确和高效的手段。激光测距仪、全站仪等先进设备能够实现对工程尺寸的高精度测量。激光技术，可以在几毫米的误差范围内获取精确的尺寸信息，确保建筑结构的精度。全站仪能够全方位、多角度地监测工程的各个点，从而提高监测的全面性和准确性。这些现代监测设备的应用，不仅提高了监测的精度，同时减少了人为误差，为工程质量的提升提供了可靠的技术支持。

（3）技术监测在关键工序中的作用

技术监测在关键工序中的应用更显得尤为重要。例如，在混凝土浇筑工序中，用激光测距仪监测混凝土的厚度和密实度，可以及时调整施工参数，确保混凝土的质量。在钢结构安装工序中，全站仪可以用于监测结构的对齐和垂直度，从而避免结构偏斜和变形。技术监测在这些关键工序中的作用是及时发现并纠正潜在问题，确保工程各项指标符合设计和标准要求。

（4）技术监测对施工质量提升的影响

技术监测的不断应用对施工质量提升有着积极的影响。首先，通过实时监测，我们可以及时发现施工过程中的问题和缺陷，避免问题在工程后期扩大，降低了事后整改的成本。其次，高精度的监测设备确保了施工过程的准确性，提高了工程的精度和一致性。最后，技术监测促使施工团队更加注重工程质量，形成了质量管理的正向循环，推动了整个建筑行业的不断提升。

4. 先进技术手段实时监测工程进展

（1）建筑信息模型（BIM）的优势

BIM 技术是一种基于三维建模的数字化工具，它不仅仅是一个图形软件，更是一个整合了工程信息的智能系统。首先，BIM 技术可以帮助规划和优化施工流程。通过在数字模型中模拟整个工程的建设过程，项目管理团队可以更清晰地了解每个工序的先后关系和依赖关系，从而优化施工计划，提高工程效率。其次，BIM 技术能够提前识别潜在的冲突和问题。在数字模型中模拟各个系统的交叉点，可以避免在实际施工中出现的冲突，减少因此带来的延误和成本增加。

（2）无人机在施工现场的多角度监测作用

无人机技术的应用为施工现场的监测提供了全新的视角。首先，无人机可以进行高空、大范围的巡视，迅速获取施工现场的数据。通过搭载高分辨率相机或激光雷达等设备，无人机能够捕捉到精细的工程细节，为项目管理团队提供实时的、高质量的数据支持。其次，无人机可以多角度地监测工程进展，不受地形限制。无人机可以灵活调整飞行高度和角度，以不同的视角捕捉工程现场的情况，确保全面监测。这有助于及时发现问题，提高决策的准确性。

（3）传感器技术在监测施工参数方面的应用

传感器技术的应用为实时监测施工过程中的各项参数提供了高效手段。首先，传感器可以监测施工现场的环境条件，如温度、湿度等。通过及时采集这些数据，项目管理团队可以确保施工过程中的环境条件符合设计和标准要求，提高工程质量。其次，传感器还可以监测结构的变形和振动。在建筑物或桥梁的施工中，布置传感器，我们可以实时监测结构的变形情况，及时发现潜在的结构问题，保障工程的安全性。

（4）先进技术手段对施工效率的贡献

这些先进技术手段的综合应用对提高施工效率有着显著的贡献。首先，通过 BIM 技术的规划和优化，施工流程更为合理，项目管理更为高效。其次，无人机的多角度监测和数据获取，加速了信息的收集和传递，为决策提供了更全面的支持。再次，传感器技术的应用提高了我们对施工参数的实时监测，使得问题能够在初期被及时发现和解决，避免了后期的修复成本。

（二）质量控制与质量检测

1. 质量控制的关键环节

（1）建立完善的质量控制体系

建立完善的质量控制体系是保障工程质量的基础。首先，需要明确质量目标，确保工程达到设计和标准的要求。其次，建立详细的质量管理手册，明确每个工序的质量标准和验收标准。建立体系化的文件，可以更好地组织和监控质量控制的全过程。此外，建立定期的内部审核和外部审核机制，确保质量控制体系的有效运行，及时发现和纠正潜在问题。

（2）明确材料的选择与检验

材料的质量直接关系到整体工程的质量，因此在采购过程中我们应选择有资质的供应商，并进行严格的材料检验。首先，制定明确的材料采购标准，包括材料的技术规格、性能要求等。其次，与供应商建立紧密的合作关系，确保供应商具备必要的生产能力和质量管理体系。再次，进行现场的材料检验，确保材料的实际性能符合设计和标准的要求。这些步骤有助于提高材料的可追溯性，确保施工过程中使用的材料是合格的，有助于提升整体工程的质量。

（3）控制施工工艺

在质量控制的过程中，施工工艺的控制是至关重要的一环。首先，制定详细的工程施工方案，明确每个施工环节的步骤和要求。其次，进行工程前期的技术交底和培训，确保施工人员了解并熟练掌握工程要求。再次，设立施工过程中的监控点，实时过程控制。通过现场监控和记录，及时发现并解决可能影响质量的问题。控制施工工艺有助于降低施工风险，提高工程的施工质量。

（4）强调工程人员的培训与管理

质量控制不仅仅依赖于体系和流程，工程人员的素质也是至关重要的。首先，进行全面的培训，确保工程人员了解质量控制的重要性和实施方法。其次，建立绩效评估机制，激励工程人员对质量控制工作的重视。再次，加强沟通与协作，形成团队合力。最后，建立质量责任体系，明确每个岗位的质量责任，确保每个人都对工程质量负责。

2. 质量监测的方法和手段

（1）非破坏检测技术的应用

a. 超声波检测

超声波检测是一种通过声波在材料中传播的方式，来检测材料内部结构和缺陷的技术。首先，超声波在不同材料中的传播速度存在差异，可以通过测量超声波传播时间来推断材料的密度和弹性模量。其次，当超声波遇到材料内的缺陷时，会发生反射和散射，通过分析反射信号的特征可以判断缺陷的类型和大小。超声波检测在混凝土、金属等材料的质量评估中有着广泛的应用，它不仅可以在不破坏结构的前提下检测隐蔽部位的质量状况，还能提供高精度的数据支持。

b.X 射线检测

X 射线检测是一种通过 X 射线在材料中的透射和吸收来检测材料内部结构和缺陷的方法。首先，X 射线能够透过材料，不同材料对 X 射线的吸收程度不同，通过检测透射光的强度变化可以推断材料的密度和厚度。其次，当 X 射线遇到材料内的缺陷时，会产生散射，通过分析散射光的特征可以判断缺陷的位置和形状。X 射线检测广泛应用于金属、焊接接头等工程领域，具有高灵敏度和高分辨率的优势。

（2）建立独立的质量检测团队

建立独立的质量检测团队是确保检测结果客观性和公正性的关键措施。首先，质量检测团队应由经验丰富、专业技能过硬的检测人员组成。其次，质量检测团队需要独立于施工团队，避免利益冲突，确保检测结果的真实性。再次，建立规范的检测流程和标准，确保每一次检测都按照统一的标准进行。建立独立的质量检测团队，可以有效提高检测结果的可信度，为工程管理提供可靠的数据支持。

（3）新兴的数字化检测手段的发展趋势

随着科技的不断发展，数字化检测手段在质量检测中的应用逐渐成为趋势。首先，引入建筑信息模型（BIM），可以实现对工程的全过程数字化管理。BIM 技术可以将设计、施工、运维等各个阶段的信息集成到一个模型中，为质量检测提供更为全面和深入的数据支持。其次，利用物联网技术，可以实现对施工现场各个关键点的远程监测。传感器和实时数据传输，可以实现对结构、材料等多个方面的实时监测，提高了检测的时效性和精度。

（4）质量检测对工程管理的价值和影响

质量检测不仅是对工程质量的一次全面检验，更是提高工程管理水平的有效手段。首先，及时发现和解决潜在的问题，避免问题在工程后期扩大，降低了事后整改的成本。其次，通过高精度的检测手段，提高了检测的准确性和可信度，为决策提供了可靠的依据。再次，质量检测的结果是对施工团队的一次监督和评估，有助于形成质量管理的正性循环。最后，质量检测对提高工程的整体竞争力和可持续发展具有积极作用。

3. 建立完善的质量管理体系

（1）明确质量责任人

建立完善的质量管理体系的第一步是明确质量责任人。首先，在项目组织结构中设立专门的质量管理岗位，明确质量管理人员的职责和权责。其次，质量责任人应该具备相关的专业知识和经验，能够对工程质量进行全面把控。再次，建立质量责任人的考核和激励机制，以确保其充分发挥作用。明确质量责任人，可以实现对整个施工过程中质量的专业、有针对性的管理。

（2）建立质量文件管理系统

质量文件管理系统是质量管理体系的基础，对于确保质量标准的一致性和可追溯性至关重要。首先，建立完整的质量文件体系，包括但不限于施工规范、验收标准、工艺流程、质量记录等。其次，制定文件的管理和更新流程，确保文件随着工程的推进而及时更新。再次，对质量文件进行分类和编号，以便于检索和使用。建立质量文件管理系统有助于将质量标准贯穿于整个施工过程，为质量的持续改进提供了有力支持。

（3）制定详细的施工工艺和验收标准

详细的施工工艺和验收标准是保证施工过程中质量的关键。首先，根据项目的特点和要求，制定详尽的施工工艺流程，包括各个工序的步骤、方法、注意事项等。其次，明确验收标准，确保每个工序的验收都能够符合预定的质量标准。再次，建立相关培训机制，确保施工人员理解并熟练掌握工艺和验收标准。制定详细的施工工艺和验收标准，可以在施工过程中明确质量要求，提高施工的规范性和标准性。

（4）强调质量管理体系的重要性

建立完善的质量管理体系是确保工程质量的关键环节，其重要性体现在多个方面。首先，质量管理体系有助于提前发现潜在问题，避免问题扩大化和事后整改的高成本。其次，通过体系化的管理，可以实现对施工全过程的有效监控和控制。再次，质量管理体系有助于形成企业的良好质量文化，增强团队的整体质量意识。最后，质量管理体系是满足法规和标准要求的有力保障，有助于工程的可持续、稳定发展。

思考题

1. 不同项目类型的施工方法选择

在建筑施工中，不同的项目类型可能需要采用不同的施工方法。请分析在住宅建筑、商业建筑和工业建筑等项目中，选择合适的施工方法的考虑因素，并探讨这些因素如何影响施工流程。

2. 数字化技术在施工流程中的应用

数字化技术在建筑施工中的应用日益普及，如BIM、无人机等。讨论这些技术如何改善施工流程的效率和质量，以及其在实际应用中可能面临的挑战。

3. 施工前准备对项目成功的影响

施工前准备是项目成功的关键。分析充分的施工前准备如何影响项目的顺利进行，包括合同管理、资源准备、技术研究等方面。

4. 安全管理与施工团队协作

安全管理是施工过程中至关重要的一环。讨论安全管理与施工团队协作之间的关系，以及如何通过有效的协作提高施工现场的安全性。

5. 施工进度与质量的平衡

施工过程中，进度和质量往往是相互制约的。思考在项目管理中如何平衡施工进度和质量的关系，确保项目按计划进行并达到预期的质量水平。

模块五　施工技术创新与进步

项目一　最新施工技术趋势

一、智能化与自动化

（一）智能建筑系统的发展趋势

1. 传感器技术的应用

随着传感器技术的不断创新，智能建筑系统的发展正朝着更加智能和自适应的方向发展。首先，各种传感器的广泛应用使得建筑可以实时感知环境信息，如温度、湿度、光照等，从而实现对室内环境的智能调控。传感器的进一步集成和小型化也为建筑结构的实时监测提供了可能，从而实现对建筑结构安全性的全面把控。

2. 无线通信技术的整合

智能建筑系统中，无线通信技术的应用是推动其智能化的重要因素。另外，通过整合无线通信技术，建筑内部的各个智能设备可以实现互联互通，形成一个智能化的网络。这使得建筑系统能够更加灵活地响应用户需求，提高能源利用效率，实现智能化的能耗管理。

3. 人工智能的深度融合

在智能建筑系统中，人工智能的深度融合将成为未来的发展趋势。首先，通过引入机器学习算法，建筑系统可以根据用户的习惯和需求进行智能学习，提供更加个性化的服务。其次，人工智能还能够通过大数据分析，优化建筑运营管理，提高整体效益。

（二）自动化施工设备的前沿技术

1. 智能机器人在建筑施工中的应用

智能机器人在建筑施工中的应用已经成为自动化的重要代表。首先，智能机器人能够在危险或高风险环境中代替人工进行作业，提高施工的安全性。其次，机器人装备有先进的视觉和感知系统，可以完成复杂的建筑结构识别和定位任务，实现高精度的施工操作。

2. 自动导航工具的创新

自动导航工具的创新是自动化施工设备的又一前沿技术。首先，通过引入先进的导航系统，建筑施工车辆可以实现自主导航，提高运输效率。其次，自动导航工具还可以集成遥感和地理信息系统，实现对施工现场的智能感知，为施工过程的优化提供数据支持。

3. 人工智能在自动化施工中的应用

人工智能在自动化施工中的应用将成为未来的技术发展方向。首先，在施工设备中集成人工智能算法，可以实现设备的智能调度和协同作业。其次，人工智能还可以应用于施工过程的质量控制和安全管理，通过实时监测和分析，提高施工的质量和安全性。

二、BIM 技术在施工中的应用

（一）BIM 在施工规划中的优势

1. 模型协同设计

BIM 技术在施工规划中的一大优势是模型协同设计。

首先，通过 BIM 软件，各专业团队可以在同一平台上进行设计，实现多专业协同工作。

其次，BIM 模型提供了一个实时的、可视化的设计环境，这使得设计人员可以直观地了解不同专业之间的关系和影响。这有助于减少设计阶段的信息不对称，提高设计质量。

2. 碰撞检测

在施工规划中，BIM 技术的另一个关键应用是碰撞检测。

首先，通过将各专业的 BIM 模型进行整合，系统能够自动进行碰撞检测，及时发现各专业之间的冲突。

其次，BIM 软件促进冲突可视化，这使得团队能够迅速做出调整，避免在施工过程中出现问题。这大大提高了施工计划的准确性和可行性。

3. 改善项目的可视化效果

BIM 技术通过建立三维模型，显著改善了项目的可视化效果。

首先，项目团队可以在虚拟环境中预览整个建筑的外观和内部结构，更好地理解设计意图。

其次，这种可视化效果有助于项目团队和相关利益方更好地沟通，减少误解和偏差。通过提高项目的可视化效果，BIM 技术为施工规划提供了更直观、更全面的信息。

（二）BIM 在工程协同中的创新

1. 云端协同

BIM 技术的创新之一是云端协同。

首先，通过将 BIM 模型存储在云端，项目团队可以实现实时的、集中的数据管理。

其次，云端协同使得项目团队可以随时随地访问最新的 BIM 模型，促进了团队成员之间的实时协作。这种创新大大提高了项目团队的灵活性和工作效率。

2. 信息共享

BIM 技术在工程协同中的另一个创新是信息共享。

首先，通过 BIM 平台，不同专业的团队可以共享各自的设计和施工信息，实现全面的信息共享。

其次，这种信息共享有助于各专业团队更好地了解整个项目的全貌，提高团队合作效率。信息共享通过打破信息孤岛，实现了更紧密的工程协同。

3. 创新的协作工具

BIM 技术的发展还带来了新的协作工具。

首先，一些先进的 BIM 软件提供了更多的协作功能，如实时编辑、评论反馈等。

其次，虚拟现实（VR）和增强现实（AR）等新技术的应用使得团队成员可以在虚拟环境中进行更直观、更深入的协同工作。这些创新的协作工具为工程协同提供了更多可能性，促使团队更加紧密合作。

三、绿色施工创新

（一）可再生能源在施工中的应用

1. 太阳能板的广泛应用

太阳能板作为可再生能源的代表，在绿色施工创新中发挥着重要作用。

首先，太阳能板可以在施工现场布置，将太阳能转化为电能，为施工过程提供清洁、可再生的能源。

其次，太阳能板的灵活性和可移动性使其适用于不同施工环境，从而最大化地利用可再生能源。通过引入太阳能板，施工过程中的能源消耗减少，减缓了对传统能源的依赖，降低了环境影响。

2. 风能发电的创新应用

除了太阳能，风能发电也成为绿色施工创新的重要组成部分。

首先，在施工现场设置风力发电装置，可以利用风力为施工提供电力。

其次，风能发电技术的不断创新，如垂直轴风力机的应用，使得我们在复杂城市环境中也能高效地收集风能。风能发电的创新应用降低了对传统电力的依赖，减少了施工阶段的碳排放，推动了绿色施工的可持续性。

3. 技术附属能源的综合利用

绿色施工创新不仅关注单一能源的应用，还注重多能源的综合利用。结合太阳能、风能等可再生能源，构建技术附属能源系统，可以实现能源的互补和平衡。例如，太阳能发电在阳光充足时为主要能源，而在夜晚或天气不佳时，自动切换至风能发电。这种综合利用的方式提高了能源的利用效率，降低了我们对传统能源的依赖程度。

（二）循环利用材料与资源

1. 建筑废弃物的回收利用

循环利用材料和资源是绿色施工的另一项创新。

首先，建立废弃物回收系统，将施工现场产生的废弃物进行分类、回收和再利用。例如，混凝土废弃物可以进行破碎再生，用于新的建筑结构。

其次，采用先进的技术手段，如建筑废弃物的再生利用技术，将废弃物转化为再生建筑材料。这种循环利用材料的方式减少了资源的浪费，促进了绿色施工的可持续发展。

2. 采用可再生材料的措施

绿色施工创新的另一个方向是采用可再生材料。

首先，可再生材料如竹木、可降解塑料等具有较短的生命周期，能够减少对自然资源的消耗。

其次，可再生材料的应用可以通过生态认证等手段，推动绿色建筑认证的达标。采用可再生材料的施工方式减缓了对有限资源的开采，降低了施工对环境的不良影响。

3. 节水技术在资源利用中的应用

在绿色施工创新中，节水技术也是关键的一环。

首先，引入高效的节水设备，如智能灌溉系统、节水型水泥等，减少了施工对水资源的浪费。

其次，采用雨水收集系统，将雨水进行收集、过滤，用于施工现场的灌溉和清洗。这种节水技术的创新应用不仅有助于实现施工过程中水资源的可持续利用，同时降低了我们对自来水等有限水资源的依赖。

项目二　数字化建筑施工

一、数字建模技术

（一）数字建模技术的发展历程

1. 二维绘图时代

数字建模技术的发展可以追溯到最早的二维绘图时代。在这个阶段，建筑设计主要依赖于手绘的平面图和剖面图。这种方式存在信息有限、沟通不畅等问题，限制了设计的全面性和准确性。

2. 三维建模的崛起

随着计算机技术的进步，三维建模逐渐崭露头角。通过计算机辅助设计（CAD）软件，设计师可以在虚拟环境中创建具有高度立体感的建筑模型。这一阶段的发展突破了二维绘图的限制，提高了设计的可视化效果和沟通效率。

3. 四维建模的涌现

数字建模技术继续朝着更加综合和全面的方向发展，四维建模逐渐涌现。引入时间因素，建筑项目的四维建模不仅包含了空间维度，还包括了时间维度，这使得项目管理更加全面。这一阶段的创新使得项目团队能够更好地预测和规划施工进程。

4. 五维建模的前沿

数字建模的发展不断超越，五维建模逐渐成为前沿。引入成本因素，数字建模更加贴近实际项目的方方面面。通过对设计的成本进行模拟和分析，项目团队可以更好地掌握项目的经济状况，做出更明智的决策。

5. 全生命周期管理的理念

数字建模技术的最新发展是全生命周期管理的理念，这不仅包括设计和建造阶段，还涵盖了运营和维护阶段。通过数字建模，项目团队可以在整个建筑生命周期内持续管理和优化项目，实现信息的持续传递和价值的最大化。

（二）BIM 与数字建模的融合应用

1. 建筑信息模型在数字建模中的角色

建筑信息模型（BIM）作为数字建模的重要组成部分，发挥着关键的作用。

（1）BIM 提供了更多维度的建模

建筑信息模型（BIM）作为数字建模的核心组成部分，其在建筑行业中的角色至关重要。首先，BIM 通过引入更多维度的建模，不仅仅局限于传统的几何信息，而是涵盖了丰富的数据维度，其中包括几何信息、时间信息、成本信息等。

a. 几何信息的多维度展示

BIM 不仅提供了建筑元素的三维几何表示，还能展示更多维度的几何信息。这包括建筑元素的详细几何形状、结构分析中的三维模型、机电管线的布局等。这样的多维度展示不仅提高了建筑设计的可视化效果，还使得设计团队更容易理解和协同工作。

b. 时间信息的引入

BIM 引入了时间维度，这使得建筑模型不再是静态的，而是可以在不同时间点上演变和变化。这种时序信息的引入对于项目的进度规划、施工过程的优化至关重要。设计团队可以通过 BIM 模型预测项目的发展趋势，从而更灵活地调整设计方案，提高项目的整体效率。

c. 成本信息的综合考虑

除了空间和时间，BIM 还将成本信息纳入建模过程。通过在模型中集成成本相关的数据，设计团队可以在设计初期就进行成本评估和优化。这种全方位的建模方式使得设计不仅仅是艺术的创作，更是对可行性和经济性的深思熟虑。

（2）BIM 具有更强大的数据交互性

BIM 之所以在数字建模中扮演关键角色，核心在于其强大的数据交互性。这种数据交互性的提升使得不同专业的信息能够更好地协同工作，推动整个建筑项目朝着更协同、高效的方向发展。

a. 不同专业信息的融合

BIM 打破了传统建筑设计中专业之间的信息孤岛。设计团队可以将结构、机电、给排水等不同专业的信息整合到一个模型中，实现不同专业之间的融合和协同工作。这种融合使得设计决策更全面、更合理，减少了在设计过程中信息传递的误差和滞后。

b. 数据的共享与更新

BIM 通过强大的数据交互性，实现了设计信息的共享和实时更新。不同团队的成员可以在同一模型上协同工作，随时随地获取最新的设计数据。这种实时更新机制有助于减少信息传递的时滞性，提高设计团队的协同效率，推动项目顺利进行。

c. 智能决策支持

BIM 不仅仅是一个静态的建模工具，更是一个智能的决策支持系统。通过对数据的深度分析，BIM 可以为设计团队提供智能化的决策支持，例如在能耗分析中提出优化建议、在施工过程中进行碰撞检测等。这种智能化的支持使得设计团队更具前瞻性和决策的准确性。

2. 建模与协同设计的高效整合

BIM 与数字建模的融合应用强调建模与协同设计的高效整合。

（1）通过 BIM 平台实现多专业的设计协同

建筑信息模型（BIM）与数字建模的融合应用强调了建模与协同设计的高效整合，为项目团队提供了协同工作的强大工具。

首先，通过BIM平台，不同专业的设计团队可以在同一模型上进行多专业的设计。这包括结构工程师、机电工程师、建筑师等各个专业领域的设计师都能够在共享的数字模型中进行工作。这种整合有助于打破专业间的信息壁垒，促进设计团队更加全面、协同地考虑项目的方方面面。

其次，BIM平台的优势在于其能够实现全过程的信息共享。从设计的初期到最终建设完成，团队成员可以随时随地访问和更新共享的数字模型。这种信息共享的机制不仅加速了设计过程，还减少了信息传递的误差。设计师们可以在一个统一的平台上查看设计的各个阶段，从而更好地把握整体的设计思路。

最后，BIM平台通过多专业设计的整合，实现了设计团队的协同工作。设计师们可以在同一数字模型上进行实时的协同编辑，解决设计中的矛盾和冲突。这种高效的协同工作机制使得设计团队能够更好地响应项目的需求变化，提高设计方案的灵活性和可调性。

（2）数字建模技术的实时更新与反馈机制

数字建模技术通过实时的更新和反馈机制，进一步强调了建模与协同设计的高效整合。

首先，数字建模技术能够通过实时更新机制保证设计团队中所有成员的数据同步。一旦有成员对模型进行了修改，系统会立即更新整个数字模型，确保每个人都使用的是最新的设计信息。这种实时更新机制有效地消除了信息滞后的问题，使得设计团队能够基于实时的数据做出决策。

其次，数字建模技术引入了强大的反馈机制，使得设计团队能够更及时地了解设计方案的效果。通过在数字模型中进行模拟和分析，设计师们可以立即看到设计变更对整体方案的影响。这种及时的反馈机制有助于提高设计质量，设计团队可以根据反馈结果调整和优化设计，确保项目达到最佳状态。

最后，数字建模技术的实时更新和反馈机制共同促进了设计流程的顺畅进行。设计团队不再受制于传统的设计过程中的信息滞后和反馈周期较长的问题。反之，他们能够通过实时的数据更新和及时的反馈机制，更迅速地做出决策，提高了设计的效率和质量。

3. 对施工流程和团队协作的促进作用

BIM与数字建模的融合不仅仅停留在设计阶段，更涉及施工流程和团队协作。

（1）在施工阶段通过数字建模技术减少误差

数字建模技术在施工阶段发挥了关键作用，为施工团队提供了直观、准确的信息，从而减少了误差，提高了施工的精准性和效率。

首先，数字建模技术使得设计意图更加直观地呈现给施工团队。通过数字模型，施工人员可以三维地查看建筑结构、设备布局等细节，深入理解设计者的意图。这种直观性有助于避免对设计文件的误解，提高了施工团队对整体工程的认识和把握。

其次，数字建模技术通过模型协同和碰撞检测功能，使得施工团队能够在施工前发现和解决可能存在的冲突和问题。例如，对结构、管线、设备等模型的协同，可以提前发现可能的干扰和碰撞，避免了施工现场的调整和修改，从而减少了施工过程中的误差和延误。

（2）数字建模技术为项目团队提供集中管理和共享信息的平台

首先，数字建模技术不仅仅在设计阶段发挥作用，更在施工阶段为项目团队提供了一个集中管理和共享信息的平台，促进了团队之间的紧密协作。

其次，数字建模技术通过建立一个中心化的数字模型，使得所有团队成员都能够在同一平台上查看和更新项目信息。这种集中管理与共享信息的模式消除了传统纸质文件管理中的烦琐过程，确保了信息的实时性和准确性。不同团队之间的信息流畅性增加，提高了整个项目的协同效率。

4. 云端协同与实时更新

首先，数字建模技术中的云端协同与实时更新机制为建筑项目管理带来了革命性的变化。在过去，由于团队成员地理位置分散，项目信息的传递常常受到限制，导致信息滞后和沟通不畅。然而，通过引入云端协同平台，建筑项目团队能够实现即时更新和无缝协同。

其次，云端协同的关键之一在于数字建模技术的广泛应用。通过使用建筑信息模型（BIM）等数字建模工具，项目的各个阶段都能够以可视化的方式呈现，这使得团队成员能够更直观地了解项目的状态。设计者可以在模型中实时进行修改和更新，而施工团队和监理则可以随时查看这些变更，从而保持对项目的实时了解。

在云端协同的框架下，建筑项目的不同专业团队可以同时参与项目，而不受地理位置的限制。设计者可以通过云端平台分享设计方案，与结构工程师、机械电气工程师等专业人员进行实时交流。这种协同方式不仅促进了跨专业的合作，也有助于及早发现和解决潜在的问题，提高了项目的整体质量。

再次，云端协同还加强了对项目数据的管理和控制。设定不同权限，可以确保只有授权人员能够进行关键性的修改，从而防止误操作和信息泄露。这种精细化的权限管理提高了项目数据的安全性，符合建筑行业对信息保密性的严格要求。

在项目进展方面，实时更新机制为团队提供了更迅速、准确的反馈。监理人员可以通过云端平台实时监控施工现场的情况，及时发现施工中的问题并提出改进意见。这种实时反馈不仅有助于提高工程的执行效率，还能够降低项目出现重大问题的风险。

5. 信息共享促进问题解决

首先，信息共享在数字建模技术的框架下不再仅仅是简单的数据传递，而是成为问题解决的强大催化剂。通过建立集中管理的平台，团队成员能够实时共享项目进展、模型变更等关键信息，从而形成一个高度透明和互通的工作环境。这为问题的及时发现和解决提供了有力支持。

其次，数字建模技术的核心之一是建筑信息模型（BIM），它为团队提供了一个共享的三维模型平台。设计者、结构工程师、机械电气工程师等各专业的团队成员可以在同一模型中进行实时的编辑和更新。这种共享模型的方式使得团队成员能够直观地了解彼此的工作，快速定位可能存在的问题，并协同解决。

在信息共享的过程中，数字建模技术采用了严密的权限管理机制。通过对不同团队成员设定不同的权限，确保只有特定人员能够进行关键性的修改，这不仅保障了项目数据的安全性，也使得信息共享更加有序和可控。

再次，数字建模技术在信息共享方面还强调实时性。团队成员无论身处何地，都可以通过云端平台实时查看项目的最新状态，了解他人的工作进展。这种实时性的信息共享使得团队能够更加灵活地应对项目的变化，快速做出决策，提高整体的响应速度。

信息共享不仅仅局限于项目内部的团队成员，还包括与外部利益相关者（如业主、监理等）的合作。数字建模技术通过云端协同平台，使得外部利益相关者可以随时获取项目信息，了解项目的进展情况。这种开放性的信息共享促使外部利益相关者更好地参与项目管理，提高了项目整体的透明度和合作效率。

二、虚拟现实技术在施工中的应用

（一）虚拟现实技术的基本原理

1. 头戴式设备

首先，头戴式设备是虚拟现实技术的核心组成部分，其原理基于集成显示器、感应器和计算机处理器。这些设备的设计目的是在用户头部直接投射虚拟环境，通过模拟现实场景的方式提供沉浸式体验。头戴式设备的基本构造包括头戴式显示器和跟踪设备，这两者的协同作用使得用户能够在虚拟环境中获得更加真实和全面的感知。

其次，头戴式显示器是虚拟现实设备的视觉输出核心。这种显示器通常采用高分辨率、高刷新率的屏幕，以确保用户在虚拟环境中获得清晰、流畅的视觉体验。通过双眼分别投射图像，头戴式显示器能够模拟人眼的立体视觉效果，使用户感受到更真实的深度和距离感。此外，一些先进的头戴式显示器还采用了眼球追踪技术，能够根据用户的注视点调整图像焦点，提高了显示的真实感和逼真度。

跟踪设备是头戴式设备中的另一个重要组成部分，负责追踪用户头部的运动。这些设备通常包括陀螺仪、加速度计、磁力计等传感器，能够实时捕捉用户头部的旋转和倾斜动作。通过实时的头部追踪，头戴式设备可以调整虚拟环境中的视角，使用户感受到 360 度的全方位视野。这种实时的交互性使得用户能够更自然地与虚拟环境进行互动，增加了虚拟现实体验的真实感。

再次，头戴式设备的核心优势在于其能够提供高度沉浸式的体验。用户通过头戴式设备进入虚拟环境后，可以完全沉浸于其中，忘却现实世界的存在。这种沉浸感主要得益于头戴式设备对用户头部运动的实时跟踪，使得用户能够自由地在虚拟空间中转动头部，观察周围环境，仿佛置身于一个真实存在的场景中。这种全方位的沉浸感对于虚拟现实应用领域，如游戏、培训、医疗等，都具有重要的意义。

最后，头戴式设备在虚拟现实技术的发展中扮演着不可或缺的角色。随着技术的进步，头戴式设备不仅在硬件性能上得到了提升，而且在用户体验、舒适性、交互性等方面也取得了显著的进展。未来，随着虚拟现实技术的不断成熟，头戴式设备有望成为更广泛应用的关键工具，推动虚拟现实技术在多个领域的深入应用。同时，对于头戴式设备的研究和改进将继续是学术界和产业界关注的焦点，以进一步提升虚拟现实技术体验的质量和可行性。

2. 手势识别技术

首先，手势识别技术在虚拟现实技术中扮演着至关重要的角色。通过使用摄像头和传感器，系统能够实时捕捉用户的手部动作和手势，将其精确地转化为虚拟环境中的相应动作。这一技术的关键在于通过计算机视觉和机器学习算法对手部运动进行准确而实时的分析，从而实现对用户手势的精准识别。手势识别技术为虚拟现实技术提供了一种直观且自然的交互方式，用户无需借助控制器或其他外部设备，便能在虚拟环境中进行操作和控制。

其次，手势识别技术的实现通常依赖于摄像头和传感器的协同工作。摄像头负责捕捉用户手部的图像，传感器则用于获取手部的位置、方向和运动等信息。这些数据经过复杂的算法处理，系统能够准确地识别和理解用户的手势，将其转化为虚拟环境中的相应操作。传感器的类型可以包括深度传感器、红外传感器等，以提高其对手部运动的敏感性和准确性。

再次，手势识别技术的应用领域广泛，其中包括虚拟现实游戏、虚拟培训、医疗仿真等多个领域。在虚拟现实游戏中，用户可以通过简单的手势完成游戏中的各种操作，使得游戏体验更加直观和身临其境。在虚拟培训领域，手势识别技术可以模拟实际操作，提供更为真实的培训体验。在医疗仿真中，手势识别技术可以用于手术模拟，医生可以通过手势进行虚拟手术操作，提高手术技能。

第四，手势识别技术的进步也促使了增强现实（AR）和混合现实（MR）技术的发展。通过手势识别技术，用户能够在现实世界中与虚拟对象进行互动，将虚拟元素融入真实环境中。这为用户提供了更为丰富和沉浸式的增强现实体验，扩展了虚拟现实技术的应用范围。

最后，手势识别技术的未来发展方向包括对更复杂手势和多模态交互的支持。随着技术的不断演进，手势识别系统将变得更加智能和灵活，能够识别更多种类的手势，从而提供更丰富的用户交互体验。同时，多模态交互，如结合语音、触觉等，将进一步提升虚拟现实技术系统的交互性和真实感。

3. 模拟真实环境

首先，虚拟现实技术通过模拟真实环境，为用户提供了一种身临其境的感觉。头戴式设备和手势识别技术的融合使用户能够在虚拟环境中感知到真实的尺度、深度和距离，从而增强了虚拟体验的真实感。这种模拟性为各个领域带来了新的应用前景，尤其在施工行业，它为设计、培训和规划等方面提供了更为直观和真实的体验。

其次，虚拟现实技术在建筑和工程领域的应用具有重要的意义。在设计阶段，虚拟现实技术可以使建筑师、设计师和相关利益方以更直观的方式参与设计过程。通过模拟真实环境，设计者能够在虚拟空间中观察和评估建筑结构、布局和材料，从而更好地理解设计方案的效果。这有助于减少设计阶段的误差，提高设计质量，并加速项目进展。

再次，虚拟现实技术在施工培训方面的应用也逐渐受到关注。通过模拟真实施工场景，工人和施工人员可以接受更为真实和直观的培训，提高其操作技能和应对复杂情况的能力。虚拟现实技术可以模拟各种施工场景，包括建筑结构、机械设备的操作，甚至危险工作环境，为工作人员提供了安全有效的培训平台。

第四，虚拟现实技术还在建筑规划和城市规划中发挥着重要作用。通过模拟真实环境，规划者可以更好地了解城市或建筑项目的空间布局、交通流动和人流分布等因素。这使得规划者能够更准确地评估不同设计选择对城市或项目的影响，优化规划方案，提高城市规划的效益和可持续性。

最后，虚拟现实技术的不断发展和创新为施工领域带来了更多的可能性。通过引入更先进的模拟技术、虚拟交互方式及智能化的数据分析，虚拟现实技术在建筑和工程领域的应用将进一步拓展。未来，虚拟现实技术有望成为施工行业中不可或缺的工具，为设计、培训和规划等方面提供更为全面、直观和真实的解决方案。

（二）虚拟现实技术在工程设计中的实际案例

1. 设计评审

首先，虚拟现实技术在设计评审中的应用为设计团队提供了一种全新的工具和方法。通过将建筑模型转化为虚拟现实场景，设计师和工程师能够以更为真实和直观的方式进行评估。头戴式设备的运用使得设计团队能够直接进入虚拟环境，仿佛置身于设计的建筑中，从而更深入地理解结构、布局和细节，有助于更全面地发现和理解设计中的问题。

其次，虚拟现实技术为设计评审带来了实时的沉浸式体验。设计师和工程师可以通过头戴式设备在虚拟环境中漫游，随时随地检查建筑模型，并进行实时的修改和调整。这种实时的沉浸式评审方式能够极大地提高设计的准确性和质量，因为设计团队能够迅速响应并解决在虚拟环境中发现的问题，从而减少后期设计修改的成本和工作量。

再次，虚拟现实技术在设计评审中的应用还促进了设计团队之间的协同工作。不同专业领域的团队成员可以通过虚拟环境中的沉浸式评审共同参与，实时交流和讨论设计方案。这种协同工作的方式强化了团队之间的沟通和合作，有助于集思广益，提高设计的创造性和综合性。

第四，虚拟现实技术还为设计评审提供了更为直观和客观的评估指标。设计团队可以通过虚拟环境中的头戴式设备直接感知建筑的尺度、比例和空间布局，从而更准确地评估设计的效果。这种直观的感知方式有助于发现潜在的设计问题，提高设计的符合性和可行性。

最后，虚拟现实技术的发展和应用推动了设计评审的数字化转型。通过数字化的建筑模型和虚拟现实技术，设计评审过程不再依赖于传统的平面图和模型，而是更加直观和动态。这不仅提高了设计评审的效率，还为设计团队提供了更多的创新和表现手段，推动了设计领域的数字化和智能化发展。

2. 场地规划

首先，虚拟现实技术在场地规划阶段为施工团队提供了前所未有的直观视角。通过将工程场地转化为虚拟环境，施工团队可以以真实尺度和逼真的细节查看工地布局、设备摆放和施工流程。这种沉浸式的体验使得施工团队能够更全面地理解整个工程的规划，不仅提高了对场地空间的感知，还为预测潜在问题和做出相应调整提供了更为直观和全面的信息。

其次，虚拟现实技术为场地规划带来了更高的实时性。通过头戴式设备，施工团队可以随时随地进入虚拟环境，与工程场地进行互动。这种实时性的沉浸式体验有助于在规划阶段及时发现和解决问题，提高了规划的灵活性。设计者和决策者能够通过虚拟现实中的场地漫游，深入了解每个细节，并根据需要进行修改和优化，确保规划方案的合理性和可行性。

再次，虚拟现实技术为施工团队提供了更为直观和详细的场地布局信息。在虚拟环境中，施工团队可以感知场地的地形、道路、建筑物等要素，以及设备的摆放和施工流程。这种细致入微的沉浸式体验使得施工团队能够更好地规划工程进程，优化场地布局，预防潜在的冲突和难题。这不仅提高了施工的效率，还有助于降低施工风险和成本。

第四，虚拟现实技术在场地规划中为团队之间的协同合作提供了有效的工具。不同专业领域的团队成员可以通过共享虚拟环境实时交流和协同决策。设计者、工程师和项目经理可以共同进入虚拟环境，一同讨论并修改场地规划，以确保各方需求都得到充分考虑。这种协同工作方式促进了团队之间的紧密合作，有助于在规划阶段达成共识，提高整体项目的成功率。

最后，虚拟现实技术的应用在场地规划中有望进一步推动数字化建设的发展。通过数字化的场地模型和虚拟现实技术，场地规划可以更加智能、精准地进行。未来，随着虚拟现实技术和人工智能的不断进步，预计场地规划将更加智能化，为施工团队提供更为精确和高效的规划方案。

3. 提高设计的可视化效果和决策准确性

首先，虚拟现实技术的应用极大地提高了设计的可视化效果。通过将设计方案转化为虚拟环境，设计团队能够以更真实的空间感知体验设计。头戴式设备的沉浸性使设计者能够直接进入虚拟环境，仿佛置身于设计的空间中。这使得设计者能够在虚拟现实中感知设计的比例、尺度和比例关系，从而更全面地了解设计的外观和结构。这种直观的感知方式为设计提供了更为真实和直观的展示，有助于设计团队更好地理解和沟通设计意图。

其次，虚拟现实技术提高了设计决策的准确性。通过虚拟环境中的沉浸式体验，设计者能够更全面地评估设计方案的可行性和实用性。设计团队可以在虚拟环境中漫游，深入了解设计的各个方面，包括材料选择、布局优化和空间利用等。这种全方位的感知方式有助于设计者更准确地评估设计的影响，及时发现潜在问题，并做出相应的调整。这提高了设计决策的准确性，有助于优化设计方案，提高设计的实用性和适应性。

再次，虚拟现实技术为设计团队提供了更灵活和交互的设计过程。设计者可以通过虚拟环境中的头戴式设备直接对设计方案进行修改和实验。这种实时的交互方式使得设计团队能够更灵活地调整设计，尝试不同的设计方案，并即时查看效果。这种灵活的设计过程有助于设计团队更快速地响应变化和客户需求，提高设计的灵活性和创新性。

第四，虚拟现实技术还为多方参与提供了便利。设计者、项目经理、客户等各方利益相关者可以通过虚拟环境共同参与设计过程。虚拟现实技术提供了一个共享的空间，使得多方可以在同一虚拟场景中进行实时交流和讨论。这种多方参与的方式促进了设计团队与利益相关者之间的沟通和协作，有助于形成共识，提高设计方案的可行性和接受度。

最后，虚拟现实技术的应用推动了数字化设计的发展。通过数字化建模与虚拟现实技术的结合，设计过程变得更加数字化和智能化。设计团队可以通过虚拟环境中的智能分析工具对设计方案进行实时评估，提供更全面、定量的设计数据。这为设计决策提供了更为科学和客观的支持，有助于优化设计过程，提高设计的质量和效率。

三、数据分析与决策支持

（一）施工数据的采集与分析

1. 传感器技术的应用

首先，传感器技术在施工现场的应用为数据采集提供了强大的工具。各种类型的传感器，包括但不限于温度传感器、湿度传感器、压力传感器等，被广泛部署在施工现场，实时监测环境的各项参数。这些传感器能够精确地测量施工区域的温度、湿度、气压等物理参数，为施工团队提供了全面、实时的环境数据。

其次，温度传感器的应用使得施工团队能够及时监测施工现场的温度变化。在建筑施工中，材料的温度对施工质量有着重要影响。通过温度传感器的实时监测，施工团队可以掌握材料的温度变化情况，及时采取措施来调整施工进程，确保建筑材料的使用符合设计要求，从而提高施工质量。

再次，湿度传感器的应用为施工团队提供了对空气湿度的精确检测。湿度对于混凝土的固化过程和建筑材料的性能影响深远。通过湿度传感器实时采集的数据，施工团队能够更好地控制混凝土的固化时间和防止建筑材料受潮。这有助于提高混凝土的强度和建筑材料的耐久性，确保施工项目的长期稳定性。

第四，压力传感器在基础工程和地下施工中发挥着重要作用。通过压力传感器检测土壤的压力变化，施工团队可以了解土壤的承载能力，从而指导基础工程的设计和施工。在地下施工中，压力传感器还可以用于检测隧道、管道等结构的变形和稳定性，提供实时的地下工程状态信息，有助于减少潜在的地质灾害风险。

最后，传感器技术的应用为施工团队提供了大量的实时数据，这些数据为决策提供了可靠的支持。通过传感器检测的数据，施工团队能够更全面地了解施工现场的实际情况，及时发现潜在问题，采取相应的措施。这有助于提高施工的效率和安全性，减少施工过程中的风险和不确定性。

2. 监控设备的实时监测

首先，监控设备在施工现场通过实时监测产生大量的视频和图像数据。这包括摄像头和各类监测仪器，广泛布置在施工现场的关键位置，用于记录施工过程中的各个环节。这些监控设备能够捕捉到施工现场的实时情况，涵盖了工人活动、材料运输、机械操作等多个方面的信息。通过监测设备生成的视频和图像数据，施工团队可以实时获得对施工现场的全面了解。

其次，监控设备生成的视频和图像数据不仅可以用于事后分析，还能通过图像识别技术实现实时监测。通过图像识别技术，监控设备可以自动识别和分析视频图像中的各种元素，如工人、设备、材料等。这为施工现场提供了实时监测的能力，使得潜在的安全隐患能够及时被发现和处理。例如，通过监测工人的活动，系统可以警示潜在的危险行为，提高施工现场的安全性。

再次，监控设备对施工效率的提升起到了关键作用。通过实时监测工地活动，施工团队能够对施工进程进行及时调整和优化。监控设备可以记录机械操作的效率、工人的工作状态及材料的运输情况等关键信息。这有助于施工团队更好地理解施工过程中的瓶颈和问题，从而采取相应的措施，提高施工效率，降低项目的时间成本。

第四，监控设备的实时监测对质量管理也具有积极影响。通过监测施工现场的各项活动，系统可以实时监测并记录施工过程中可能出现的质量问题。例如，通过摄像头捕捉到的图像数据可以用于检查建筑结构的符合性，确保工程质量符合设计标准。这有助于在施工过程中及时发现并纠正潜在的质量问题，提高项目的整体质量水平。

最后，监控设备的实时监测在项目管理和决策中具有重要意义。通过监控设备产生的数据，项目管理团队可以实时了解项目进展和现场状况，做出及时决策。例如，通过对视频数据的分析，项目管理团队可以评估施工进度、检测资源使用情况，并调整施工计划以适应变化的情况。这种实时决策支持有助于提高项目的灵活性和应变能力，确保项目能够按时完成。

3. 数据分析的应用

首先，数据分析在建筑施工领域的应用是为了深入挖掘采集到的大量数据，以提取有用的信息和规律。这些数据包括但不限于工程进度、资源利用情况、潜在风险等多个方面的信息。数据分析的首要目标是通过对这些数据的深入研究，为施工团队提供更全面、科学的了解，以支持决策的制定和优化。

其次，数据分析可以采用统计学方法。通过统计学手段，施工团队能够对数据集进行描述性统计、推断性统计等分析，揭示数据中的整体趋势、分布特征及可能存在的异常情况。例如，对施工进度的统计分析可以帮助团队了解工程的整体进展，检测是否存在阶段性的延误，从而及时采取纠正措施。

再次，数据分析还可以应用机器学习算法。机器学习是一种通过训练模型，使其具备预测未来趋势的能力的方法。在施工领域，机器学习可以应用于多个方面，如工程进度预测、资源利用的优化、风险评估等。通过对历史数据的学习，机器学习模型能够识别出隐藏在数据中的规律，为未来决策提供更为准确的预测和建议。

第四，数据分析有助于了解资源的利用情况。对施工现场的资源使用数据进行分析，可以评估各种资源（人力、材料、机械设备等）的利用效率。这有助于优化资源分配，提高资源的利用率，从而降低项目的成本并提高整体效益。例如，通过分析工人的工作效率数据，团队可以发现是否有不平衡的工作负载，及时进行调整以提高施工效率。

最后，数据分析的应用在于发现潜在的风险和问题。通过对施工数据的综合分析，团队可以识别出潜在的问题和可能的风险因素。这种预测性的分析有助于在问题发生之前采取预防性的措施，提前规避潜在的施工风险。例如，分析历史数据和施工现场监测数据，可以预测可能的安全问题，及时采取措施以确保工地的安全性。

（二）决策支持系统在施工管理中的应用

1. 项目管理软件的优势

首先，项目管理软件在施工管理中具有显著的优势。这类软件能够提供全方位的信息集成和管理，涵盖了整个项目的生命周期，包括设计、采购、施工、验收等多个关键阶段。通过集成这些信息，项目管理软件为项目经理提供了实时的全局视图，使其能够更全面、迅速地了解项目的整体进展和各个环节的状况。

其次，项目管理软件能够协助项目经理有效地协调不同专业的工作。复杂的建筑项目，涉及多个专业领域，如结构、机电、土建等。项目管理软件通过集成各个专业的信息，提供了一个统一的平台，使得不同专业之间的工作可以更加协调和无缝衔接。项目经理可以通过软件的协同功能，实时了解各专业的进展，及时发现并解决不同专业之间的协作问题，从而提高整体协同效率。

再次，项目管理软件的优势在于优化资源配置。通过软件的资源管理模块，项目经理能够清晰地了解项目中各种资源的使用情况，包括人力、材料、设备等。这有助于项目经理合理安排资源，避免资源的浪费和不足，提高资源利用效率。例如，通过软件的资源分配功能，项目经理可以根据项目需要动态调整人员的工作任务，确保每个阶段都有足够的人力支持。

第四，项目管理软件的实时性和交互性使得整体管理效率得到提高。项目经理可以随时随地通过软件访问项目的关键信息，无论是在办公室还是在施工现场。这种实时性使得项目经理能够更加敏捷地做出决策，及时调整项目计划，应对突发情况。同时，软件的交互性也使得团队成员能够更方便地提交工作报告、更新进度，实现团队内部的即时沟通和协同工作。

最后，项目管理软件在提高整体管理效率的同时，也有助于项目的质量控制。通过软件的监控和报告功能，项目经理能够对项目的各个方面进行细致的跟踪和评估。这包括施工质量、工期进度、成本控制等多个方面。软件能够生成各种报表和图表，直观地展现项目的整体状况，为项目经理提供科学依据，使其更有针对性地制定决策和调整项目策略。

2. 人工智能决策系统的创新

首先，人工智能决策系统在施工管理领域的创新表现在其能够通过对大量历史数据的学习来预测潜在的问题和风险。这种系统利用机器学习和数据挖掘技术，分析历史施工数据中的模式和趋势，从而能够更准确地预测未来可能出现的问题。例如，通过对之前项目的执行情况进行学习，系统可以识别出材料供应链中可能出现的瓶颈和延误因素，为项目经理提供预警信息，使其能够在问题发生之前提出相应的应对措施。

其次，人工智能决策系统的创新体现在其能够自动化地分析复杂的施工管理数据。在传统的施工管理中，大量的数据需要被收集、整理和分析，这是一个烦琐而需要时间的任务。人工智能决策系统通过自动化的数据处理和分析，能够高效地处理大规模的施工管理数据，从中提取有价值的信息。这种自动化的数据分析方式极大地提高了决策者的工作效率，使其能够更专注于制定战略性的决策而非纠结于庞大的数据处理任务。

再次，人工智能决策系统的创新在于其为决策者提供智能化的决策支持。通过对施工管理数据的深度学习，这些系统能够理解复杂的关系和模式，为决策者提供更为智能的建议。例如，在项目执行过程中，系统可以分析各个子系统间的相互影响，预测潜在的问题，并提供优化方案。这种智能化的决策支持有助于决策者更科学、更全面地考虑各种因素，提高决策的准确性和质量。

最后，人工智能决策系统的创新表现在其能够在项目管理中实现更加精准的材料供应链管理。通过对历史数据和市场趋势的学习，系统可以预测材料的需求和供应情况，提前识别潜在的瓶颈。这种精准的供应链管理有助于避免材料短缺或过剩，提高材料的利用率，降低项目的成本，并确保施工进度的顺利进行。例如，系统可以根据天气、季节等因素，预测特定材料的需求量，从而帮助项目经理优化材料的采购计划。

3. 数据支持决策的优化流程

首先，决策支持系统的优化流程始于数据采集阶段。传统的数据采集过程常常烦琐且容易出现错误，因为需要手动收集和整理大量数据。然而，决策支持系统通过自动化数据采集，能够实时获取施工现场各个方面的数据，包括工程进度、资源利用、成本状况等。这使得数据采集变得更为高效、准确，为后续的决策提供了可靠的数据基础。

其次，决策支持系统在数据分析阶段发挥关键作用。通过先进的数据分析技术，系统能够深入挖掘大量的施工管理数据，识别出其中的模式、趋势和关联关系。这种深度数据分析使决策者能够更全面地理解施工现场的状况，发现潜在的问题和机会。例如，系统可以分析过去项目的执行情况，识别出可能导致延误的因素，为决策者提供预测和警示。

再次，决策支持系统在决策制定阶段提供了科学的支持。通过将数据分析的结果转化为可视化的图表和报告，系统使决策者能够直观地了解项目的各个方面。这不仅简化了信息的理解过程，还使决策者能够更迅速地做出决策。例如，在制订项目调整计划时，系统可以生成图表展示各个工序的实际进度和计划进度的对比，帮助决策者更准确地评估当前状况。

最后，决策支持系统通过实时监控和反馈优化了整个决策流程。系统能够在项目执行过程中持续地监测各项指标，与实际情况保持同步。如果出现偏差或问题，系统能够及时提醒决策者，并根据实时数据进行修正。这种实时监控和反馈机制使决策者能够更灵活地调整决策，快速应对变化，提高整个决策流程的敏捷性。

项目三　智能化施工设备与机械

一、无人机与无人车在施工中的应用

（一）无人机在建筑施工中的作用

1. 多功能无人机的监测应用

无人机作为一种多功能工具，在建筑施工中发挥着不可替代的作用。它可以通过搭载高分辨率摄像头，对施工现场进行实时监测。这种监测不仅涵盖了工地整体的进度，还能深入具体的施工环节，为项目管理提供了全面的数据支持。

2. 传感器测量与数据收集

除了监测，无人机还可以携带各种传感器，如激光雷达、红外线摄像头等，用于测量建筑物的尺寸、温度分布等关键参数。通过这些传感器收集的数据，施工团队能够更精准地掌握工程状态，及时发现潜在问题，并进行合理的调整。

3. 运输与物资调度

无人机还可用于小规模物资的快速运输。例如，将小零件、工具等迅速从仓库运送到需要的工地点，提高了物资调度的效率。这种运输方式不仅迅速，还能减少人工搬运，降低劳动成本，提高工作安全性。

4. 安全监测与应急响应

在安全方面，无人机可以用于检测施工现场的安全状况。红外线摄像头，可以检测到潜在的火灾隐患；实时监测，可以及时发现危险区域。同时，无人机还可用于紧急救援，例如运送急需物资到难以到达的区域，提高应急响应的速度。

（二）无人车在施工物流中的创新

1. 建材运输与自动化搬运

首先，无人车在施工物流中的创新应用体现在建材运输方面。大型建筑工地通常需要大量的建材，而传统的运输方式可能受到工地复杂地形和环境的限制。引入无人车技术，可以实现建材的自动运输。这些无人车配备了先进的导航和感知系统，能够根据预设的路径自动行驶，将建材从仓库准确地运送到具体的施工位置。这种自动化的建材运输方式不仅减轻了工人的负担，还提高了物流效率，使建筑工地的材料流动更加流畅。

其次，无人车的创新应用在于其适用于复杂多变的建筑工地环境。建筑工地往往存在着各种地形、施工障碍和临时性的施工区域。传统的建材运输方式可能受到这些复杂环境的限制，导致效率低下或者需要大量的人力投入。而无人车通过搭载先进的传感器和导航系统，能够实时感知周围环境，智能规划路径，灵活适应不同的施工现场情况。这使得无人车在应对建筑工地复杂性方面具有独特的优势，提高了建材运输的适用性和灵活性。

再次，无人车在建材运输中的创新应用有助于降低运输过程中的人为错误。传统的人工运输往往容易受到人为因素的干扰，例如人员疲劳、误差判断等问题。而无人车通过自动化运行，可以避免这些人为因素对建材运输的影响。无人车能够按照预定路径稳定行驶，减少了运输过程中的潜在错误和事故的风险。这种自动化运输不仅提高了安全性，还确保了建材的准确投放，减少了因人为错误而导致的延误和损失。

最后，无人车的创新应用为建筑工地的数字化转型提供了有力支持。在建材运输中引入无人车，实现了建筑物流的自动化和智能化。这符合当今建筑行业追求数字化和智能化的趋势。同时，无人车的使用还为建筑工地的信息化管理提供了更多数据支持，对运输过程的数据进行分析，可以进一步优化物流流程，提高建筑工地的整体效能。

2. 自动避障与路径规划

首先，无人车在自动避障和路径规划方面的技术应用基于先进的传感器技术。激光雷达、摄像头等各类传感器被巧妙地集成到无人车系统中，以感知周围环境。通过这些传感器，无人车能够实时获取周围的障碍物信息、地形高低变化等数据，从而有效识别潜在的障碍和危险区域。这种感知能力为无人车提供了在复杂多变环境中行驶的基础。

其次，自动避障技术是无人车的关键特性之一。基于传感器数据，无人车能够实时判断周围环境，并采取相应的行动来避免与障碍物发生碰撞。例如，当激光雷达探测到前方有障碍物时，无人车可以通过及时调整速度、转向或停车等方式来规避障碍，确保行驶的安全性。这种自动避障技术为无人车在施工场地等复杂环境中的实际应用提供了可靠的保障，降低了碰撞事故的风险。

再次，路径规划是无人车系统的另一项关键技术。基于传感器数据和环境地图，无人车能够智能地规划行驶路径，选择最优的路线，避免交通拥堵和复杂地形。这种路径规划技术不仅有助于提高无人车的行驶效率，还能够减少能耗，降低对环境的影响。在建筑工地等施工场景中，路径规划技术使得无人车能够快速、准确地到达目标地点，提高物流运输的效率。

最后，无人车的自动避障和路径规划技术的应用对施工工地的管理产生了积极影响。第一，通过避免碰撞和交通堵塞，无人车的运输过程更加安全、稳定，有助于保护工人和设备的安全。第二，智能的路径规划减少了行驶路径的浪费，提高了运输效率，有助于加快施工进度。这对于工地的整体管理来说是一项有力的支持。

3. 物流调度与实时监控

首先，无人车通过物联网技术实现了与中央调度系统的实时通信。物联网技术使得无人车能够与网络连接，通过无线通信协议与中央调度系统保持实时的数据交互。这为物流调度提供了智能化的解决方案，使得无人车能够随时接收任务指令、更新路线规划，并将运输状态实时反馈至中央调度系统。这种实时通信机制有助于提高物流调度的灵活性和响应速度，确保整个系统能够随时适应不同的运输需求。

其次，实时监控系统使得物流过程更加透明。通过物联网连接，无人车的位置、运输情况等关键信息能够被实时传输至中央调度系统，并在监控中心进行实时展示。调度人员可以随时了解每辆无人车的实时状态、运输进度及可能遇到的问题。这种透明度提高了物流调度的可视化程度，使得管理者能够更加全面地监控整个物流过程，从而做出更加明智的决策。

再次，实时监控系统为物流调度提供了精准的数据支持。通过对无人车运输过程的实时数据进行分析，中央调度系统能够获取有关运输效率、能耗情况、行驶路线等方面的详尽信息。这些数据为调度人员提供了更多决策的依据，帮助他们优化物流调度策略，提高整个物流系统的效率和可持续性。这种数据支持是实现物流调度智能化的重要组成部分。

最后，通过物联网技术实现的实时监控系统为无人车的远程管理提供了便利。调度人员不仅能够在监控中心实时查看无人车的运输情况，还可以通过远程控制系统对无人车进行指令下发、路径调整等操作。这种远程管理的灵活性使得调度人员可以及时响应运输任务的变化，提高了物流调度的灵活性和响应速度。

4. 能源管理与环保效益

首先，无人车的电力驱动相较于传统燃油车辆具备显著的环保优势。电动无人车采用电池作为能源，不产生直接的尾气排放，从而有效减少了空气污染和温室气体的排放。相比于传统的燃油车辆，电动无人车在使用过程中不仅能够降低对空气质量的污染，也有助于减缓气候变化对环境的不良影响。因此，电力驱动的无人车在能源方面为施工行业带来了显著的环保效益。

其次，智能的能源管理系统是实现无人车高效能源利用的重要手段。通过对无人车的电池状态、能源消耗等进行实时监测和分析，能源管理系统可以制定精准的能源控制策略。这包括优化充电和放电过程、合理规划行驶路线以减少能源消耗、对电池进行智能维护等。这些措施旨在延长电池的使用寿命，提高能源利用效率，从而减少对有限资源的依赖，符合可持续发展的目标。

再次，电力驱动的无人车在施工过程中的环保效益延伸至噪声和振动的减少。相较于传统燃油车辆，电动无人车通常具备更为静音的特点，减少了施工现场的噪声污染。这对附近居民和工作人员的生活质量有积极的影响。同时，电动无人车的振动较小，有利于减少对施工设备和建筑结构的振动影响，这进一步降低了环境对施工的干扰。

最后，无人车的电力驱动在符合绿色施工理念的同时，也能够为企业带来经济效益。电动无人车的运营成本相对较低，且电能相较于燃油具备更为稳定的价格趋势。此外，政府对绿色交通和环保施工的政策支持逐渐在增加，采用无人车进行环保施工不仅有助于降低企业运营成本，还有望获得相关的奖励和认可。

二、智能建筑设备

（一）智能建筑设备的种类与功能

1. 智能感知设备

（1）传感器技术的应用

智能建筑的核心在于感知环境，并通过数据采集实现对建筑及其周边环境的智能化管理。各类传感器，如温度传感器、湿度传感器、光照传感器等，广泛应用于建筑中。这些传感器通过实时监测，能够获取建筑内外各种环境参数，为智能控制提供准确的数据支持。

（2）智能监控摄像头

智能建筑安全监控的一个关键组成部分是智能监控摄像头。通过人脸识别、运动检测等技术，监控摄像头能够实时感知建筑内外的活动，提高建筑的安全性。这些数据还可用于智能化的访客管理系统，加强对建筑内人员的识别和控制。

2. 智能控制系统

（1）智能照明系统

智能照明系统通过感应器感知建筑内人员的活动，自动调整照明亮度和色温，实现能源的高效利用。同时，智能控制系统能够根据自然光照情况进行智能调控，减少能源浪费。

（2）智能空调系统

智能空调系统结合温度、湿度、人员流量等数据，通过自学习算法优化空调设备的运行状态，提高能效。这些系统还可以与其他智能建筑设备协同工作，实现整体能源的智能管理。

（3）智能安防系统

智能安防系统集成了摄像头、门禁系统等设备，通过智能算法识别异常行为，提升建筑安全性。此外，这些系统还能与消防系统协同工作，在紧急情况下自动启动应急措施，减少灾害风险。

（二）建筑机器人的发展趋势

1. 装配式建筑机器人

（1）3D 建筑打印机器人

装配式建筑机器人中，3D 建筑打印机器人是当前建筑领域的热门发展方向。这些机器人可以通过精确控制材料喷射，实现建筑结构的自动化打印。这种技术不仅能够提高建筑施工的效率，还能够实现更具创新性和个性化的建筑设计。

（2）智能装配机器人

智能装配机器人能够在建筑现场实现构件的智能化装配。通过搭载视觉识别系统和机械臂，这些机器人能够准确识别构件位置，自动进行组装，大幅提高建筑的装配速度和质量。

2. 机器人与人工智能的融合

（1）人工智能建筑设计

机器学习和人工智能的不断发展使得建筑机器人具备更高级的智能水平。在建筑设计阶段，机器人能够通过学习历史设计案例、分析市场趋势等，为建筑设计提供更具前瞻性和创新性的建议。

（2）智能施工协作

未来，建筑机器人将更加重视与人类工作者的协同工作。通过智能传感器、语音识别等技术，机器人能够更好地与人类工作者进行沟通和协作，提高施工效率，降低工人劳动强度。

3. 绿色建筑与智能设备的整合

（1）智能建筑能源管理

智能建筑设备与绿色建筑理念的整合是未来发展的趋势之一。通过智能感知设备和智能控制系统，建筑能够更精细地管理能源的使用，实现最佳的节能效果，符合可持续发展的要求。

（2）智能废弃物处理

智能建筑还将注重废弃物的智能化处理。机器人在建筑拆解和废弃物处理中的应用，能够提高废弃物的分类回收效率，减少对环境的负面影响。

三、机器学习与人工智能

（一）机器学习在智能施工管理中的应用

1. 智能进度计划

（1）数据驱动的进度优化

机器学习通过对历史施工数据的分析，可以预测施工进度，并在实际施工过程中进行动态调整。这种数据驱动的智能进度计划能够更准确地评估施工周期，提高施工效率。

（2）进度风险管理

通过机器学习算法，系统能够识别潜在的进度风险，并提供相应的预防和缓解措施。这有助于施工团队在项目早期识别并解决潜在问题，确保项目按时完成。

2. 风险预测与管理

（1）数据驱动的风险评估

机器学习模型可以分析大量历史项目数据，识别与特定风险因素相关的模式。通过对比当前项目的特征与历史数据，系统可以提前预测潜在风险，并制定相应的风险管理策略。

（2）实时风险监测

结合传感器技术，机器学习系统能够实时监测施工现场的各种参数，包括温度、湿度、振动等。通过实时监测，系统可以及时识别潜在风险，并通过自动化系统触发紧急措施，减少事故的发生概率。

（二）人工智能在施工安全中的创新

1. 安全监测系统

（1）视觉识别技术

人工智能在安全监测中广泛应用于视觉识别技术。通过摄像头和图像识别算法，系统能够实时监测施工现场的安全状况，识别潜在的危险因素，如未穿戴安全帽的工人等。

（2）传感器网络

结合传感器网络，人工智能系统可以监测施工现场的气体浓度、温度等环境参数。当检测到异常情况时，系统可以及时发出警报，提醒工人采取相应的安全措施。

2. 预警系统

（1）实时数据分析

人工智能系统通过实时分析传感器和监测设备产生的数据，可以提前预测潜在的安全风险。通过实时数据分析，系统可以及时发出警报，帮助施工团队采取紧急措施，减少事故发生的可能性。

（2）个性化安全培训

通过人工智能技术，系统能够根据工人的历史安全记录和表现，为其提供个性化的安全培训。这有助于增强工人对安全事故的意识，并降低潜在风险。

思考题

1. 智能化与自动化的未来发展方向

探讨智能化与自动化在施工中的最新趋势，如何通过引入机器学习和自动化技术提高效率和质量。

2.BIM 技术对施工管理的影响

分析 BIM 技术在施工管理中的应用，如何改变传统的施工流程和提升沟通效率。

3. 绿色施工创新的可持续性

讨论绿色施工创新的最新趋势，包括可再生能源、循环利用等方面，以及这些趋势对可持续建筑的影响。

4. 数字化建模在施工中的实际应用

分析数字化建模在施工过程中的实际应用，如何提高设计准确性、施工效率和资源利用率。

5. 虚拟现实技术在施工中的潜在优势

探讨虚拟现实技术在施工中的潜在优势，如增强培训效果、预防安全事故等方面的应用。

模块六　施工技术质量与安全

项目一　施工质量管理

一、质量标准与验收

（一）质量标准的制定与验收准则

1. 制定质量标准

首先，制定质量标准需要参考国家标准和行业规范，确保工程符合法定要求。深入研究国家标准的更新和行业规范的变化，以及它们对于质量标准的具体影响。

其次，根据具体项目的特点，制定可操作的质量标准。考虑项目的规模、用途、环境等因素，制定符合实际操作的质量标准，以确保标准的实施能够贴近项目的实际需求。

2. 验收准则的设定

（1）客观性与科学性

验收准则的设定需要具备客观性和科学性。深入研究如何通过具体指标和测量方法，确保验收准则是客观可量化的。探讨采用先进的科学方法，如统计学分析、模拟实验等，提高验收准则的科学性。

（2）多层次的验收标准

考虑到建筑工程的复杂性，制定多层次的验收标准。分阶段、分专业地设定验收准则，以保证各个阶段的施工都能够满足相应的质量标准。

（二）验收流程的合理安排

1. 验收前的准备工作

（1）信息收集与整理

在验收前，进行充分的信息收集与整理，包括历史施工数据、质量标准文件、相关方反馈等信息，为验收提供充分的依据。

（2）技术人员培训

确保参与验收的技术人员具备足够的专业知识和技能。进行培训，使其了解最新的质量标准和验收准则，提高验收的专业水平。

2. 验收中的操作步骤

（1）逐项检测与测量

验收中的操作步骤应该包括逐项检测与测量。使用先进的检测设备，如激光测距仪、红外线摄像头等，提高验收的准确性。

（2）现代技术手段的运用

强调在验收流程中运用现代技术手段，例如，采用数字化模型对建筑结构进行三维扫描，以获取全面而精确的数据，确保验收的全面性和高效性。

3. 验收后的总结评估

（1）数据分析与报告撰写

在验收后，进行数据分析，撰写详细的验收报告。报告应包括各项指标的具体数值、符合标准的情况及存在的问题等，为后续的质量改进提供科学依据。

（2）反馈与改进

根据验收报告中的反馈信息，进行质量改进。分析存在的问题，采取相应的纠正措施，确保下一阶段施工能够更好地符合质量标准。

通过合理安排质量标准的制定和验收流程，建筑工程能够更好地达到预期的质量水平，为项目的可持续发展提供坚实的基础。

二、质量控制方法

（一）全过程质量控制的概念

1. 全过程质量控制的定义

全过程质量控制是指在建筑工程的整个生命周期中，从设计、采购、施工到竣工等各个环节都进行系统而全面的质量控制。该概念强调通过质量管理体系和控制措施，确保项目在各个阶段都处于受控状态，达到设计要求和法定标准。

2. 建立控制措施

（1）设计阶段

在设计阶段，建立明确的设计标准和规范，确保设计方案合理可行。引入设计审查和定期设计评估，及时发现和纠正设计中的质量问题。

（2）采购阶段

制定严格的采购程序和供应商评估标准。通过合同规定质量要求，对供应商进行监督和管理，确保采购的材料和设备符合标准。

（3）施工阶段

在施工阶段，建立详细的工程质量计划和作业指导书。实施全面的施工质量检查，包括材料的验收、施工工艺的控制等，确保施工符合要求。

（4）竣工阶段

在竣工阶段，进行终验和竣工验收，确保整个项目的建设质量符合设计要求和相关标准。制定竣工文件，记录施工全过程的质量数据，为后期运维提供参考。

（二）关键节点的质量控制

1. 土建结构的质量控制

（1）技术控制

采用先进的建筑技术，如建筑信息模型（BIM）、先进的结构分析软件等，确保土建结构的设计和施工具有可操作性和合理性。

（2）工艺控制

在土建结构的施工中，实施科学的工艺控制，包括混凝土浇筑、钢筋连接等关键工艺。通过工艺流程的合理规划，提高土建结构的整体质量。

2. 安装工程的质量控制

（1）材料选择与检验

在安装工程中，加强材料的选择与检验。确保使用的设备和部件符合国家标准和项目要求，避免因为材料问题导致的安装质量问题。

（2）技术要求的控制

对安装工程中的关键技术要求进行详细控制。建立技术文件，明确每个环节的施工规范，通过培训和技术指导，提高工人的技术水平，确保技术要求得到满足。

（三）数据驱动的质量控制

1. 大数据的应用

（1）数据采集

通过传感器、监控设备等现代技术手段，实现对施工过程的数据采集。这包括温度、湿度、材料强度等多方面的数据，为质量控制提供充分的信息基础。

（2）数据分析

利用大数据技术对采集到的数据进行深度分析。通过数据挖掘、机器学习等手段，识别潜在的质量问题，并预测可能的风险，实现对施工全过程的智能化监控。

2. 人工智能的运用

（1）智能质检

引入人工智能技术，实现智能质检。通过图像识别、语音识别等技术，对施工现场的质量状况进行实时监测，并自动识别潜在问题，提高质检的效率和准确性。

（2）智能决策支持

结合人工智能技术，建立决策支持系统。通过对历史数据和实时数据的分析，系统能够为项目经理和决策者提供科学的数据支持，辅助其进行决策，并优化施工流程。

三、质量持续改进

（一）持续改进的理念与原则

1. PDCA 循环理念

（1）计划阶段（Plan）

在施工项目中，制订质量改进计划的首要任务是明确改进的具体目标。这包括从过往项目经验中汲取教训，确定需要改进的方面，例如减少施工错误、提高工程效率等。计划阶段的关键步骤包括：

a. 明确改进目标

详细阐述如何通过分析之前项目的问题和挑战，明确定义本次项目的改进目标。这可能涉及提高质量标准、缩短工期、降低成本等。

b. 制订改进计划

探讨如何制订具体、可操作的改进计划，包括确定实施步骤、分配资源、设定时间表等。在这个过程中，我们应考虑到项目的特定需求和团队的能力。

c. 资源分配

强调在制订计划时如何科学合理地分配资源，确保改进计划的执行具备充足的支持。这可能包括人力、技术设备、培训等资源。

（2）执行阶段（Do）

执行阶段是将计划付诸实践的关键阶段。在施工项目中，确保改进计划能够得到顺利实施的步骤包括：

a. 组织团队

探讨如何有效组织执行团队，确保团队成员理解改进目标，具备必要的技能和培训。

b. 实施计划

详细分析如何按照制订的计划执行各项任务，可能涉及采用新的工艺、引入先进技术、调整工程流程等。

c. 监控执行进度

强调实时监控执行进度的重要性，通过项目管理工具和技术手段确保项目按计划进行，及时发现偏差，采取纠正措施。

（3）检查阶段（Check）

在 PDCA 循环中，检查阶段的目的是评估改进计划的有效性。在施工项目中，检查阶段的具体内容包括：

a. 数据分析

分析如何通过收集和分析项目执行过程中的数据，评估改进计划的实际效果，可能包括使用统计工具和项目管理软件。

b. 评估效果

探讨如何进行定性和定量评估，确保项目的质量、进度、成本等方面达到预期的改进目标。

（4）行动阶段（Act）

行动阶段是基于检查结果采取相应行动的关键步骤。在施工项目中，确保项目可以不断提升的行动阶段包括：

a. 根据检查结果调整计划

强调如何根据检查阶段的评估结果调整原有计划。这可能涉及修正工程流程、重新分配资源等。

b. 继续改进

讨论如何将调整后的计划再次付诸实践，形成新的 PDCA 循环，实现质量持续改进的目标。

2. 六西格玛原则

（1）六西格玛方法论概述

六西格玛是一种数据驱动的管理方法，强调通过降低过程的变异性，提高工程质量。其在施工管理中的应用包括：

a. 数据驱动的质量管理

深入研究如何通过数据收集和分析，识别和减少工程过程中的变异，从而提高施工质量。

b.DMAIC 方法

详细介绍 DMAIC（ Define，Measure，Analyze，Improve，Control ）的五个阶段，强调每个阶段在施工管理中的实际应用。

（2）DMAIC 方法在施工中的应用

a.Define（定义）

探讨如何在项目开始阶段定义项目的目标，明确问题的范围，制定量化的目标。

b.Measure（测量）

分析在测量阶段如何收集和分析数据，评估当前的工程质量水平，可能包括使用统计工具、质量检测设备等。

c.Analyze（分析）

强调在分析阶段如何通过数据分析，找出问题的根本原因，可能涉及使用因果关系图、统计分析等方法。

d.Improve（改进）

详细阐述如何在改进阶段制定并实施改进方案，可能包括优化工程流程和采用新的技术手段等。在改进阶段，重要的是确保团队全员参与，并且新方案的实施是可行和可持续的。

e.Control（控制）

详细探讨在控制阶段如何确保改进措施的持续有效，可能包括建立监控机制、制定标准作业程序等，以防止问题的再次发生。

（二）问题分析与根本原因找寻

在进行问题分析时，采用不同的工具和方法可以帮助团队更全面地了解问题的本质。

1. 鱼骨图

鱼骨图是一种通过头脑风暴，将问题的不同因素分类，找出可能原因的图形工具。在施工管理中，团队可以通过绘制鱼骨图来识别和整理各种潜在的问题因素。鱼骨图主要分为六个类别，包括人员、方法、机械、环境、测量和材料。通过这种分类，团队能够更清晰地了解问题的来源，为制订改进计划提供有力支持。

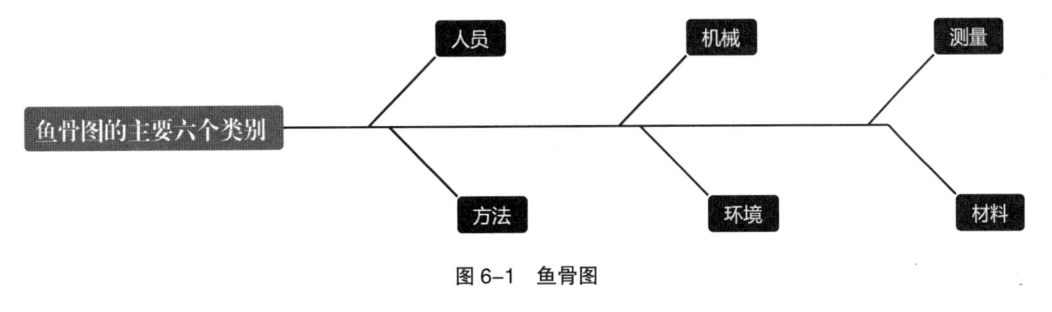

图 6-1 鱼骨图

2. 5W1H 法

5W1H 法是一种通过系统性提问来找出问题全貌的方法，包括 What（什么）、Why（为什么）、Where（在哪里）、When（何时）、Who（谁）、How（如何）。通过回答这六个问题，团队可以全面了解问题，找出可能的原因。这种方法强调了对问题进行深入挖掘，确保团队对问题有全面的认识。

根本原因找寻

找寻问题的根本原因是问题解决的关键步骤，它有助于制定切实可行的改进措施。

（1）原因与结果图

原因与结果图是一种图形工具，通过展示不同因素之间的关系来找到问题的根本原因。在施工管理中，团队可以使用这个图形工具来可视化问题的多个方面，从而更容易识别问题的核心原因。这有助于团队全面了解问题，并找到切实有效的改进措施。

（2）5 Whys 法

5 Whys 法是通过反复追问“为什么”来逐级深入找到问题的根本原因的方法。通过连续追问问题的原因，团队可以深入挖掘问题的本质。这种方法有助于避免仅仅处理问题的表面现象，而是集中精力解决问题的根本原因。

（三）团队协作与知识分享的重要性

1. 团队协作机制

在质量持续改进中，团队协作是确保项目顺利进行和问题得到解决的基石。以下是建立有效团队协作机制的关键步骤：

（1）团队构建

团队构建的原则包括成员选择和培训。选择团队成员时，我们应确保团队成员具备多样性的技能，覆盖项目所需的各个方面。培训是团队协作中的关键环节，通过提供相关培训，团队成员可以更好地理解项目要求，增强协作效能。

（2）角色明晰

在团队中明确各成员的角色和责任至关重要。通过明确角色，团队成员可以更好地理解自己的职责，并在合适的时间承担相应的任务。这有助于确保团队协作的高效性和流畅性。

2. 知识分享机制

知识分享是促进团队学习和提高的有效途径，有助于避免重复工作、提高工作效率。以下是建立知识分享机制的关键措施：

（1）经验分享

建立经验分享机制，通过定期会议、在线平台等方式，鼓励团队成员分享实际项目经验。这有助于形成共同的最佳实践，避免重复犯同样的错误，提高项目的整体水平。

（2）技术交流

通过定期的技术交流会议、专题讲座等形式，促进团队成员在专业领域的技术提升，技术交流有助于团队成员不断更新自己的知识储备，提高工作的创新性和专业性。

（3）文档化知识管理

建立文档化的知识管理系统，将项目经验、技术总结等形成可查阅的文档。这样的系统可以随时提供团队成员所需的信息，帮助解决问题和推动项目进展。

项目二　安全施工标准与实践

一、安全规章制度

（一）安全规章制度的建立与更新

1. 制度建立的法规依据

安全规章制度是保障施工现场安全的法规依据，其建立需充分考虑国家法规和地方性规定。详细研究如何制定制度，确保其与相关法规相符，适应施工环境的变化。建议引入专业法律意见，确保制度的法律性和规范性。

2. 制度的内容细化

深入探讨安全规章的具体内容，包括但不限于安全生产责任、安全操作规程、紧急应对措施等。确保制度全面、系统地覆盖施工全过程，细化规章的具体要求，使其实际可行且具有可操作性。

3. 制度的更新机制

随着法规和施工环境的变化，规章制度需要不断更新。详细研究更新机制，建议设立专门的更新团队，定期对制度进行评估和修订，确保其与最新法规和最新的施工技术相匹配。

（二）安全规章的宣传与培训

1. 宣传方式的选择

安全规章的宣传对于员工的安全意识培养至关重要。详细介绍宣传方式的选择，包括但不限于培训会议、宣传资料、安全文化建设等。强调宣传内容要生动、易懂，以提高员工对规章的认同感。

2. 培训计划的设计与执行

制订详细的培训计划，确保所有从业者都能充分理解并遵守规章。培训计划应考虑不同岗位的员工，以及定期更新的需求。执行阶段应采用多种培训形式，如实地演练、在线培训等，确保培训的全面性和有效性。

（三）规章制度的执行与监督

1. 执行机制的建立

规章制度的执行是安全管理的核心环节。深入探讨执行机制的建立，包括责任主体的明确、执行程序的规范等。强调执行机制应灵活应变，适应不同施工阶段和环境的需要。

2. 监督方法与手段

详细介绍规章制度的监督方法与手段，包括但不限于定期检查、不定期抽查、监测系统的应用等。强调监督应具备专业性，需要专门的监管团队，确保监督的全面性和深度性。

3. 效果评估与反馈机制

建立规章执行效果的评估机制，通过定期的评估和反馈，发现问题及时纠正。强调评估应该不仅关注规章执行的形式，更应注重实质性的安全效果，确保规章的执行真正达到预期的安全管理效果。

二、安全培训与教育

（一）安全培训计划的设计

1. 培训需求分析

在设计安全培训计划之前，我们需要进行全面的培训需求分析。这包括对施工人员的不同岗位和层级进行调查，了解其安全知识水平、工作技能要求和培训意愿。通过调研，制订有针对性的培训计划，确保培训内容切实符合施工现场的实际需要。

2. 培训目标设定

明确培训的具体目标是培养什么样的安全素养和技能。这可以根据不同岗位和层级的需求进行具体规定。培训目标的清晰设定有助于评估培训效果，并为后续培训提供指导。

3. 培训内容制定

根据培训需求和目标，细化培训内容，包括但不限于施工安全法规、作业规程、危险源辨识与防范、紧急救援等方面的内容。强调内容的系统性和渐进性，确保培训的全面性和深度性。

4. 培训方法选择

选择适合的培训方法，包括理论培训、实际操作培训、案例分析等。培训方法应考虑参训人员的特点和培训内容的实际需求，以增强培训效果。引入现代技术手段，如虚拟现实（VR）技术培训等，以提升培训的趣味性和实用性。

（二）应急演练与技能培养

1. 应急演练的必要性

强调应急演练是培养从业者面对突发事件时的应变能力和团队协作能力的有效手段。分析应急演练的好处，如提高员工的紧急反应能力和减轻事故损失。

2. 演练方案制定

制定详细的应急演练方案，包括演练内容、参与人员、演练场地等。演练方案应综合考虑不同的应急场景，确保演练的全面性和真实性。强调演练方案需要与实际施工相结合，突出建筑施工的特殊性。

3. 演练过程管理

详细介绍应急演练的过程管理，包括演练前的准备、演练中的监督与指导、演练后的总结与反馈。强调演练中的安全措施，确保演练过程不会对实际施工造成安全隐患。通过有效的过程管理，提高演练的实效性和实用性。

4. 技能培养与评估

除了理论知识的培训，还要注重施工人员实际操作技能的培养。建立技能培养计划，确保施工人员掌握必要的操作技能，如高空作业、危险化学品处理等。通过实际操作考核，评估培训效果，进一步提高从业者的操作技能水平。

三、安全监测与事故处理

（一）安全监测系统的建设与运行

1. 监测系统建设的重要性

安全监测系统在施工现场起着至关重要的作用，它不仅可以提高工程施工的安全水平，还能有效预防潜在的安全风险。监测系统的建设需要深入剖析，确保其能够全面、准确地反映施工现场的安全状况。

2. 监测设备的选择

在建设安全监测系统时，选择适用的监测设备是至关重要的一环。这涉及各种传感器、摄像头、数据采集设备等的选择，需要考虑施工现场的特殊性和复杂性，确保监测设备的性能稳定、可靠，能够适应各种环境条件。

3. 布局与覆盖

监测设备的布局需要考虑施工现场的整体结构和风险分布。合理的布局可以确保监测系统对施工现场的全面监控，避免死角，提高监测的有效性。特别是在高风险区域，需要增加监测密度，确保对潜在风险的及时感知。

4. 实时反馈与事故预警

监测系统应具备实时反馈功能，能够即时传递监测数据，让相关人员能够迅速了解施工现场的安全状况。通过智能算法，实现对潜在事故的准确预警，为事故的防范提供有效的支持。

5. 及时报警与数据采集

强调监测系统的及时报警机制，一旦监测到异常情况，系统应能够立即发出报警信号，通知相关人员采取紧急措施。同时，数据采集是安全监测系统的核心功能之一，确保对监测数据的及时、完整采集，为事故发生后的深度分析提供有力支持。

（二）事故处理与经验总结

1. 事故处理流程

事故处理流程的建立对于有效控制事故的发展至关重要。详细介绍事故发生后的处理步骤，包括事故现场的封锁与隔离、紧急救援、伤员处理等。强调各个环节的协调与配合，确保事故处理的迅速、有序进行。

2. 经验总结的重要性

对事故进行深度剖析，总结经验教训，是提高施工安全水平的关键环节。经验总结不仅包括事故的原因分析，还应涉及事故处理中的不足和改进方案。通过经验总结，形成有效的事故预防措施，为将来的施工提供指导和借鉴。

3. 事故的深度剖析

强调事故深度剖析的专业性和系统性，通过技术手段和专业团队进行根本原因的分析。这包括对监测系统的性能、监测设备的工作状态、人员操作的规范性等多个方面的审查，确保对事故原因的全面把握。

4. 有效的事故预防措施

基于经验总结和事故深度剖析的结果，提出一系列有效的事故预防措施。这涉及监测系统的升级改进、培训人员的安全意识、制定更加严格的安全操作规程等方面，确保这些措施能够在实际施工中得到贯彻执行。

项目三　施工过程风险管理

一、风险识别与评估

（一）风险识别的方法与工具

1. 深度研究风险识别的重要性

风险识别在项目管理中占据至关重要的地位，直接关系到项目的整体效果。其重要性体现在多个方面：

（1）项目整体成功与否的决定性因素

风险识别是项目管理的第一步，它直接影响到项目整体的成功。未能充分识别和管理风险可能导致项目出现严重问题，甚至失败。

（2）对项目进展的影响

风险的存在可能导致项目进度的延误、成本的增加，甚至是项目无法按计划完成。通过深入研究风险识别，我们能更好地理解风险对项目进展的潜在影响，从而更有效地应对和规避这些风险。

（3）项目生命周期的全面考虑

风险识别需要从项目启动初期就展开，以确保在整个项目生命周期中都能及时应对潜在的风险。这强调了风险识别的早期介入和全程关注的重要性。

2. 使用 SWOT 分析进行风险识别

SWOT 分析是一种有力的工具，通过分析项目的内部优势、劣势，以及外部机会、威胁，可以更全面地识别潜在风险。具体而言：

（1）全面覆盖项目的内外部环境

SWOT 分析将项目的内外部因素有机结合，使得风险识别更具广度和深度。内部的优势和劣势及外部的机会和威胁都可能引发潜在风险，因此通过 SWOT 分析可以全面了解项目所面临的各种风险。

（2）提高风险识别的广度和深度

SWOT 分析不仅能帮助发现明显的风险，还能够挖掘出那些潜在且不易察觉的风险。通过对项目的各个方面进行综合考虑，我们可以更全面地认知潜在的风险，提高风险识别的广度和深度。

3. 头脑风暴与故事板的创新应用

头脑风暴和故事板是创新的风险识别工具，它们能够激发团队的创造力，挖掘更为隐藏的风险：

（1）头脑风暴的集体智慧

通过头脑风暴，团队可以集思广益，迅速产生各种潜在风险点。团队成员可以从不同的角度出发，提出各种可能的风险，促使全员参与，达到利用集体智慧的效果。

（2）故事板的深层次思考

故事板通过讲述真实或虚构的故事情景，引发参与者对风险的深层次思考。这种方法能够帮助团队更加生动地理解潜在风险，并在讨论中挖掘出那些可能被忽视的因素。

（3）创新方法的优势

这些创新方法不仅能够激发团队的创造力，还能够挖掘出更为隐蔽的风险。通过引入创新元素，团队更容易发现那些传统方法难以察觉的风险点，从而提高风险识别的全面性和准确性。

4.历史数据与实地调研的结合

结合历史数据和实地调研是风险识别的另一有效方法：

（1）分析过去项目中的风险事件

对历史项目中的风险事件进行深入分析，可以总结出经验教训，以避免类似的风险再次发生。这种方法有助于借鉴以往的经验，提高对特定行业或项目类型的风险的识别水平。

（2）实地调研确保真实性和准确性

通过实地调研，深入了解项目所处环境的实际情况，可以确保风险识别的真实性和准确性。实地调研能够捕捉到那些在纸面上难以体现的实际风险，从而提高整体风险识别的有效性。

（二）风险评估的定量与定性分析

1.定量分析方法的详细探讨

定量分析是风险评估中的科学而客观的方法，通过数值化的手段对风险进行量化评估。以下是一些常用的定量分析方法：

（1）概率分析

通过统计和概率学方法，对各种风险事件的可能性进行量化。这包括使用历史数据、专家意见和其他信息来确定风险事件发生的概率。概率分析提供了对各种可能性的精确度量化，为项目管理人员提供了有力的决策依据。

（2）影响度量

对风险事件可能对项目造成的影响进行定量化。这可以包括成本增加、进度延误、质量降低等方面的影响。建立模型或使用相关指标，可以将影响量化为具体数值，帮助项目管理人员更好地理解风险的实际影响。

（3）风险指标和模型

使用各种风险指标和模型，如风险值、风险指数等，对风险进行综合评估。这些指标和模型综合考虑了可能性和影响两个方面，为项目管理提供了简明的风险综合评估结果。

强调这些定量分析方法的科学性和客观性，它们能够为项目决策提供基于实际数据的支持，使项目管理更加精确和可控。

2. 定性分析方法的应用

在定性分析中，专业判断和经验总结发挥着关键作用。以下是一些常见的定性分析方法的应用：

（1）专业团队的集体智慧

利用项目团队的专业知识和经验，通过讨论、头脑风暴等方式对风险进行定性评估。专业团队的集体智慧能够发现那些在传统数据分析中难以捕捉的风险，提高风险评估的全面性。

（2）专家意见

在项目初期或数据不足的情况下，依赖专家的经验进行风险评估是一种有效的手段。利用专家的主观意见，对风险进行定性排序和分类，为项目初期的决策提供参考。

（3）经验总结

利用过去项目的经验教训，对潜在的风险进行定性分析。这种方法有助于识别那些在项目初期可能并不明显的风险，为项目提前做好应对准备。

强调在项目管理的早期阶段或数据不足的情况下，定性分析是一种灵活且有效的手段，能够为项目提供初步的风险识别和分类。

3. 不确定性与复杂性的处理

风险评估中的不确定性和复杂性是需要深入考虑的因素。以下是一些处理不确定性和复杂性的方法：

（1）蒙特卡洛模拟

蒙特卡洛模拟，可以考虑到各种不确定性因素，并对风险进行更准确的可能性和影响程度的估算。这种模拟方法通过多次运行模型，考虑随机因素，提供了对风险的概率分布的更全面的认知。

（2）情景分析

考虑多种可能的情景，对每种情景下的风险进行评估。这种方法有助于在面对不确定性和复杂性时，更好地理解各种可能性的风险和影响。

（3）灵活的方法论

风险评估不是一成不变的过程，需要根据项目的不同阶段和复杂性程度采用不同的方法。灵活的方法论能够更好地应对项目环境的不断变化和复杂性。

强调处理不确定性和复杂性需要一种灵活而综合的方法，而不仅仅是简单的数值计算。这些方法能够更好地反映真实项目环境中的风险情况，为项目管理提供更可靠的决策依据。

二、风险控制与应对

（一）风险控制策略的制定与执行

1. 风险控制策略制定的基本原则

风险控制策略的制定应遵循一系列基本原则，确保对项目风险的综合考虑和有效应对。

（1）风险分析和评估

在制定风险控制策略之前，必须进行全面的风险分析和评估。这包括确定潜在风险的可能性和影响程度，以便为后续的策略选择提供依据。

（2）明确责任人

每个风险控制策略都应有明确的责任人，负责策略的执行和监督。这有助于确保控制措施得到及时执行，责任的清晰性有助于提高控制策略的有效性。

（3）主动控制措施

优先考虑采取主动控制措施，即通过预防和规避手段降低风险发生的概率。这包括技术改进、培训、规范制定等，以最大程度地减少风险的可能性。

2. 风险的转移、减轻、接受策略

风险控制策略可以采用不同的方式来处理风险，具体包括：

（1）风险转移

在某些情况下，我们可以通过购买保险等方式将部分风险转移给第三方。

（2）减轻策略

通过技术改进、过程控制、培训等手段，降低风险发生的概率或减少其影响。

（3）接受策略

在某些情况下，项目团队可能选择接受一定程度的风险，尤其是在风险的可能性较低、影响较小或控制成本较高的情况下。

3. 项目计划中的风险控制

将风险控制融入项目计划是确保风险管理有效性的关键。具体措施包括：

（1）明确风险控制目标和时间节点

在项目计划中明确定义风险控制的具体目标和相应的时间节点。这有助于项目团队集中精力在关键时刻有效地执行风险控制策略。

（2）阶段性的风险评估

在项目计划的各个阶段，进行阶段性的风险评估，以确保及时发现新的风险和对已有风险的变化做出适当的调整。这保证了风险控制的连续性和及时性。

4. 风险控制策略的执行与监督

强调风险控制策略的贯彻执行是风险管理的关键，需要详细阐述执行的步骤。

（1）监督控制策略的执行

建立有效的监督机制，确保风险控制策略得到有效执行。这可能涉及定期的检查、报告机制和团队培训等。

（2）及时调整策略

如果风险的状况发生变化，或者原有的控制策略不再有效，需要及时调整策略。

（3）建立有效的反馈机制

建立良好的反馈机制，使项目团队能够及时了解风险控制策略的实施情况。这可以包括定期的会议、报告和项目团队之间的沟通渠道。

（二）紧急应对与应急预案的建立

1. 紧急应对措施的设计

在风险事件发生时，紧急应对措施是确保团队和项目安全的关键。设计紧急应对措施时，我们需要考虑不同类型风险事件的特点，包括但不限于自然灾害、技术故障、人为事故等。

（1）紧急疏散

制订清晰的疏散计划，包括安全通道、集合点等。根据不同场景，考虑人员疏散的最有效路径，确保团队成员能够快速有序地撤离。

（2）现场封控

对于某些风险事件，我们需要在现场采取封锁措施，防止风险扩散。设计封控方案，包括设立隔离区域、通知相关人员等，以最小化风险的扩散范围。

（3）急救措施

确定针对不同类型伤害或疾病的急救步骤，配备相应的急救设备。培训团队成员，提高其急救的能力和反应速度。

（4）模拟演练

强调通过定期的模拟演练，提高团队对紧急应对措施的熟悉度和反应速度。模拟各种风险事件，评估团队在面对紧急情况时的表现，并根据演练结果不断改进应对措施。

2. 应急预案的建立与更新

应急预案是项目应对风险的关键组成部分。建立和更新应急预案需要考虑以下方面：

（1）全面考虑历史数据和实地调研

收集过去项目中的风险应对经验，结合实地调研，综合考虑各种可能的风险场景。确保应急预案覆盖了项目可能面临的各种风险。

（2）专业意见的综合

利用专业团队的意见，包括工程师、医护人员、安全专家等，确保应急预案的可操作性和实用性。专业意见有助于提高预案的质量和可靠性。

（3）定期更新

强调定期更新应急预案，以适应项目进展和环境变化。新的风险可能随着项目的进行而出现，因此预案需要保持与项目实际情况的一致性。

3. 应急预案的灵活性

灵活性是应急预案的关键特征，这使其能够适应不同类型的风险和项目阶段的变化。

（1）定期演练和评估

通过定期的演练和评估，发现和修正应急预案中的不足。演练可以模拟真实场景，评估团队的应对能力，并及时调整预案以提高其灵活性。

（2）多样化、多层次的应急预案

建立多样化、多层次的应急预案，以适应项目的不同阶段和不同类型的风险事件。每种预案都应具备独立性，确保其在特定情况下能够快速启动。

（3）人员培训

强调对团队成员的培训，使其能够熟悉不同类型风险的应对步骤，并具备在紧急情况下迅速做出决策的能力。

三、风险监测与反馈

（一）风险监测体系的构建

1. 建筑公司监测体系构建的基本原则

在建筑施工过程中，建筑公司需要建立有效的风险监测体系，以确保项目的顺利进行。以下是构建监测体系的基本原则：

（1）全面性

监测体系应全面覆盖建筑项目的各个方面，包括但不限于施工进度、成本、质量、安全等。这确保了对项目整体状况的全面把握，从而更好地识别和应对风险。

（2）系统性

监测体系的建设应构建在系统性的基础上，与项目整体管理体系相互融合。这意味着监测活动应与项目计划、执行、变更控制等各个管理环节相衔接，形成一个相互支持的整体体系。

（3）一致性

监测体系的建设应与项目目标一致。监测活动的目标应当直接服务于项目的整体目标和战略方向，确保监测结果对项目的决策具有指导性和针对性。

2. 建筑施工监测指标的选择

为了有效监测建筑施工风险，需要选择合适的监测指标。具体步骤包括：

（1）项目进度指标

确保项目按计划推进，包括工程节点的完成情况、施工进度的符合度等。

（2）资源利用率指标

评估人力、材料、设备等资源的利用情况，以防范资源短缺导致的风险。

（3）技术指标

针对具体项目的技术要求，选择合适的技术指标，以确保项目的技术实施符合标准和质量要求。

3. 建筑施工监测频率的确定

监测频率的确定需要灵活考虑建筑项目的特点和风险的变化。具体包括：

（1）灵活性原则

高风险的项目可能需要更频繁的监测，而低风险的项目可以适度降低监测频率。灵活性原则确保监测频率能够随项目阶段和风险变化做出调整。

（2）风险变化的考虑

考虑风险的变化趋势，例如风险增加或减少的趋势，来确定监测的频率。这确保了监测活动能够及时发现潜在风险变化。

4. 现代技术在风险监测中的应用

现代技术的应用可以提高建筑施工风险监测的效率和准确性。包括但不限于：

（1）物联网

实时监测建筑工地的设备、传感器，获取大量实时数据，更及时地发现潜在风险。

（2）大数据分析

利用大数据分析技术，对施工过程中的数据进行深入分析，提前预警潜在的风险。

（3）智能化监测系统

利用智能化监测系统，对监测数据进行自动化处理和分析，减少人为错误，提高监测的效率和准确性。

（二）风险反馈与经验总结

1.建筑施工风险事件的反馈机制

建筑施工中的风险管理需要建立有效的反馈机制，以确保项目团队能够及时、全面地学习和适应。详细步骤包括：

（1）追踪

在风险事件发生后，立即启动追踪机制。这涉及记录风险事件的时间、地点、原因、及时采取的措施等关键信息。

（2）记录

将追踪到的风险事件信息记录在专门的风险日志中。这个记录过程应当清晰明了，包括对风险事件的初步评估和可能的影响。

（3）分析

实时深入分析，探究风险事件的根本原因。使用根本原因分析工具如鱼骨图等，确保对问题的深刻理解。

（4）反馈

通过定期的团队会议或专门的风险评审会议，向项目团队提供风险事件的反馈。这可能包括对团队成员的解释，以及提出未来避免类似风险的建议。

2.建筑项目风险数据库的建立

建筑项目风险数据库的建立对于积累项目经验和为未来提供参考至关重要。具体步骤包括：

（1）结构设计

定义数据库的结构，包括字段、表格和关系。确保数据库能够容纳所有必要的信息，例如风险事件的详细描述、应对措施的效果评估等。

（2）内容填充

将追踪、记录和分析过的风险事件信息填入数据库。信息输入的准确性和全面性对于为未来的项目提供有价值的数据至关重要。

（3）效果评估

对实施的应对措施进行评估，记录它们的有效性。这可以为未来的项目提供宝贵的经验教训，帮助团队更好地应对相似的风险。

3.建筑施工项目经验总结的重要性

强调风险管理的目的不仅在于防范风险，更在于通过反馈与总结，不断提高项目管理水平。详细步骤包括：

（1）记录翔实报告

在风险事件发生后，进行翔实的报告，包括事件的背景、原因、应对措施及其效果等。这确保了项目团队对整个过程有清晰的了解。

（2）分享与学习

在项目团队中分享风险事件的经验。通过分享，团队成员可以从他人的经验中学习，帮助他们更好地应对未来的风险。

（3）定期复盘

定期对已经发生的风险事件进行复盘，检讨应对措施的有效性，以及是否存在可以改进的地方。这有助于项目团队持续地增强风险管理的能力。

思考题

1. 质量标准的制定与更新

深入研究如何制定并不断更新质量标准，以适应行业和技术的发展。分析标准的灵活性和可操作性，确保其能够真实反映项目的实际要求。

2. 质量控制的流程与要点

对质量控制流程进行深入剖析，包括从设计、采购到施工的全过程。分析质量控制的关键要点，如材料选用、工艺控制等，确保每个环节都能满足质量标准。

3. 先进技术在质量控制中的应用

探讨先进技术在质量控制中的最新应用，如无损检测、传感器检测等。分析这些技术如何提高质量控制的精度和效率，降低质量风险。

4. 安全规章制度的建立与更新

探讨安全规章制度的建立和定期更新，以适应法规和施工环境的变化。强调规章制度的及时传达和培训，确保全员理解和遵守。

5. 安全文化在规章制度中的体现

详细介绍安全文化在规章制度中的具体体现，如价值观、行为准则等。强调安全文化对于塑造员工安全意识和行为的重要性，促进全员共建安全环境。

模块七　项目管理与进度控制

项目一　施工项目计划与执行

一、项目计划制订与调整

（一）建筑项目计划的编制流程

建筑项目计划的编制是项目管理中的关键步骤，它为项目团队提供了一个明确的工作框架和时间表。以下是项目计划的详细编制流程：

1. 确定项目目标

在项目计划开始之前，我们需要明确定义项目的目标和交付物。这包括客户的需求、项目的范围、质量标准等。明确的项目目标是制订计划的基础。

2. 任务分解

将项目目标分解为可管理的、具体的任务。这一步骤涉及将项目划分为不同的阶段和工作包，明确每个工作包的责任人和交付物。

3. 工期估算

对每个任务进行工期估算，确定项目的整体工期。这需要考虑到工作量、资源可用性、依赖关系等因素，使用专业的工具和技术，如专家判断、历史数据分析等。

4. 资源分配

根据任务的工期和工作量，分配项目所需的人力、物力、财力等资源。确保资源的有效利用，避免冲突和瓶颈。

5. 关键路径分析

确定项目的关键路径，即影响项目最早完成时间的一系列关键任务。这有助于项目团队聚焦于关键任务，提高项目整体的执行效率。

6. 制订计划

结合上述步骤，制订项目计划。这包括制作甘特图、项目网络图等，以可视化项目的时间安排和任务依赖关系。

7. 风险分析

在制订计划的过程中，进行风险分析，识别可能影响项目进度的风险因素，建立相应的风险应对计划，以提高计划的鲁棒性。

8. 计划审查与确认

将初步制订的计划提交给相关利益相关方进行审查和确认。确保计划符合项目目标和相关利益相关方的期望。

9. 灵活性与可调整性考虑

在整个编制流程中，我们要时刻考虑项目各阶段的不确定性。灵活性和可调整性是关键，以适应项目执行中可能出现的变化和挑战。

（二）建筑项目计划调整的原则与方法

在建筑项目的执行过程中，计划的调整是不可避免的。不同的不确定因素可能导致计划的调整，包括资源限制、变更需求、不可预见的风险等。以下是项目计划调整的原则与方法：

1. 灵活性原则

计划调整应遵循灵活性原则，即计划应该能够在不影响整体目标的前提下做出调整。这要求计划在制订阶段就考虑到可能的变化，并设定相应的应对策略。

2. 全局观原则

在进行计划调整时，我们要保持对项目整体目标的全局观。调整的决策应该考虑到项目的长期目标和战略方向，避免为了解决短期问题而牺牲整体目标。

3. 变更管理

对于计划中的变更，我们要建立有效的变更管理机制。这包括明确变更的提出流程、评估变更对项目的影响、及时通知相关利益相关方等。

4. 资源优化

在计划调整中，我们要考虑到资源的优化分配。根据实际情况调整人力、物力等资源的分配，以保证项目执行的高效性。

二、项目资源调配与管理

（一）资源需求分析与规划

1. 人力资源需求分析

在项目启动阶段，进行人力资源需求分析是确保项目成功实施的关键一步。这包括：

（1）岗位与职责明晰

确定项目中各个岗位的职责和角色，明确每个团队成员的任务。

（2）技能与培训需求

分析项目所需的技能与专业知识，确定团队成员是否需要额外的培训。

（3）人员数量规划

根据项目的规模和复杂性，确定需要的人员数量，并考虑到项目各阶段的变化。

2. 物资设备需求分析

除了人力资源，我们还需要进行物资设备的需求分析：

（1）物资清单

列出项目中所需的物资和设备清单，包括原材料、工具、技术设备等。

（2）供应链规划

规划物资设备的供应链，确保在需要的时候能够及时获取所需资源。

（3）资源成本估算

估算物资设备的成本，以便纳入项目预算。

3.资源规划与项目计划的关联

将资源规划与项目计划相互关联，确保资源的有效利用：

（1）关键路径与资源需求

确定项目的关键路径，将人力和物资设备的需求与关键任务相匹配。

（2）阶段性规划

针对项目不同阶段的特点，进行资源规划的阶段性调整，以适应项目整体的变化。

（3）风险管理与资源备份

考虑可能的风险，制订资源备份计划，确保即使在不可预见的情况下，项目仍能有所应对。

（二）资源管理与优化

1.资源分配原则

在项目执行过程中，进行资源的分配需要遵循一定的原则：

（1）优先级原则

将资源分配给关键路径上的任务，确保项目的关键任务能够按时完成。

（2）弹性原则

考虑到不同阶段和任务的不确定性，设置资源分配的弹性，以便灵活应对变化。

（3）效率原则

优化资源分配，确保资源的高效利用，避免资源的浪费。

2.资源的动态调整

在项目执行中，对资源进行动态调整是必要的：

（1）监测与反馈

设立监测机制，实时了解资源使用情况，通过反馈信息进行调整。

（2）变更管理

将资源调整纳入变更管理体系，确保调整的合理性和透明性。

（3）团队协作

通过团队协作，及时调整任务分配，以适应项目执行中的不同挑战。

3.项目资源优化

资源优化是确保项目高效运作的关键环节：

（1）技术创新

寻找和引入新的技术手段，提高资源利用效率，降低成本。

（2）团队培训

持续进行团队培训，提高团队成员的综合素质，使其能够胜任更多的任务。

（3）经验积累

在项目执行中积累经验教训，建立资源管理的最佳实践，为未来项目提供借鉴。

三、项目执行与监控

（一）建筑项目执行的关键环节

1. 任务分配与协调

（1）任务明确与分解

将项目目标分解为具体任务，明确每个团队成员的职责和任务，确保每个任务都有责任人。

（2）沟通协调机制

建立高效的沟通协调机制，包括定期会议、沟通平台等，确保信息畅通，团队协同工作。

2. 问题识别与解决

（1）问题识别机制

建立问题识别的机制，包括团队成员的反馈渠道、定期问题排查等，确保问题及时暴露。

（2）解决方案制定

针对问题，制定科学合理的解决方案，包括资源调配、技术创新等手段。

3. 进度与质量控制

（1）进度管理

设立进度管理系统，监控项目的关键路径，确保项目按计划推进。

（2）质量控制

建立质量管理体系，包括检查、验收等流程，确保项目交付的质量达到要求。

4. 团队协作与激励

（1）团队建设

实施团队建设活动，提高团队凝聚力和合作精神。

（2）激励机制

设计激励机制，奖励表现优异的团队成员，激发工作积极性。

（二）建筑项目监控系统的建立与运行

1. 监控指标的选择

（1）关键绩效指标

选择与项目目标紧密相关的关键绩效指标，如进度完成率、成本控制等。

（2）风险指标

设定风险指标，早期发现潜在风险，采取及时措施。

2. 监控频率的确定

（1）实时监控

对关键指标实施实时监控，确保能够及时发现和应对问题。

（2）定期汇报

设立定期项目汇报机制，以确保项目执行情况对所有相关方透明。

3. 系统运行与调整

（1）系统建设

部署先进的项目监控系统，确保能够满足项目管理的需要。

（2）持续改进

定期评估监控系统的运行效果，根据反馈不断进行系统调整和升级。

通过建立有效的项目执行与监控体系，项目团队能够更好地应对挑战，提高项目执行的效率和成功交付的可能性。

项目二　施工进度与资源管理

一、进度计划与优化

（一）进度计划的建立与维护

1. 工期设定与合理性

（1）项目分析

在制订进度计划前进行项目全面分析，考虑工程规模、资源可用性、技术复杂性等因素。

（2）合理工期制定

基于项目分析，设定合理的工期目标，确保其既满足质量要求又符合客户期望。

2. 里程碑的制定与重要性

（1）关键节点明确

制定里程碑，明确关键节点，有利于项目的整体控制和沟通。

（2）项目推进监测

通过里程碑监测，及时发现项目进展偏差，采取相应措施调整计划。

3. 考虑资源与风险因素

（1）资源可用性

在建立计划时考虑实际资源的可用性，避免资源瓶颈对进度的影响。

（2）风险管理

考虑项目风险，设立相应的缓冲区，应对潜在的风险事件。

（二）进度优化的方法与技巧

1. 关键路径分析

（1）确定关键路径

运用关键路径法，找到影响整个项目工期的关键路径。

（2）缩短关键路径

通过资源优化、任务调整等手段，寻找缩短关键路径的可能性。

2. 任务顺序调整

（1）前置任务优化

考虑任务依赖关系，通过优化前置任务的执行顺序，提高整体效率。

（2）并行任务推进

寻找可以同时进行的任务，提高项目的并行度，加快进度。

3.资源灵活调配

（1）资源优化

根据实际情况对项目资源进行灵活调配，确保资源的最优利用。

（2）应急资源计划

设立应急资源计划，应对突发状况，确保项目进度不受影响。

二、资源分配与调配

（一）建筑施工资源分配的原则与策略

1.资源分配原则

（1）优先级设定

在资源分配中，根据项目的目标和任务的紧急性，设定不同任务的优先级，确保关键任务得到及时满足。

（2）平衡性考虑

在资源有限的情况下，需要平衡各项任务的资源需求，避免过度集中资源导致其他任务滞后。

2.资源分配策略

（1）阶段性规划

根据项目不同阶段的特点，制定相应的资源分配规划，确保每个阶段有足够的资源支持。

（2）技能匹配

考虑员工的技能和经验，合理匹配任务与人员，提高施工效率。

（二）建筑施工资源调配的灵活性与应对措施

1.资源调配的灵活性

（1）实时监测

利用项目监控系统实时监测任务进展和资源利用情况，发现问题及时调整。

（2）应急资源计划

建立应急资源计划，以应对突发状况，确保项目进度不受不可预见的因素影响。

2.应对措施

（1）任务重新安排

在项目执行中，根据资源使用情况重新安排任务，保证整体计划的顺利执行。

（2）灵活调整团队

根据任务的紧急程度和资源需求，灵活调整施工团队的人员分配。

（3）技术支持

利用先进技术手段，如人工智能和大数据分析，优化资源调度方案，提高资源利用效率。

三、进度监测与调整

（一）进度监测体系的建立与运行

1. 进度监测体系构建的基本原则

（1）全面性

确保监测涵盖项目的所有关键环节，包括任务执行、资源利用、关键路径等，使监测全面反映项目进展情况。

（2）系统性

构建系统化的监测体系，确保监测数据能够相互关联，形成完整的监测信息链。

（3）与项目目标的一致性

确保监测指标与项目目标保持一致，使监测数据更有针对性。

2. 监测指标的选择

（1）项目进度

着重监测项目整体进度，包括里程碑完成情况、任务执行进度等。

（2）资源利用率

监测人力、物资等资源的使用情况，保障资源的合理利用。

3. 监测频率的确定

（1）持续性监测

将监测作为持续性活动，定期进行监测以及时发现潜在问题。

（2）灵活性调整

根据项目的特点和阶段性情况，灵活调整监测频率，确保监测的及时性和有效性。

（二）建筑项目进度调整与风险应对

1. 进度调整的方法与策略

（1）资源调配

根据监测结果，合理调整资源分配，确保关键任务得到足够支持。

（2）任务重新安排

针对延误任务，重新安排任务顺序，缩短项目关键路径。

2. 风险应对措施

（1）风险评估

在监测中加入风险评估环节，对可能影响进度的风险进行提前识别。

（2）应急计划制订

针对监测中发现的紧急情况，制订应急计划，迅速调整项目进度。

（3）团队协作

强调团队协作，在面对问题时，集思广益，共同制定解决方案。

项目三　施工项目风险与延迟

一、风险评估与预防

（一）建筑项目风险评估方法与工具

1. 定性分析

（1）SWOT 分析

SWOT（Strengths，Weaknesses，Opportunities，Threats）分析是一种常用的定性风险评估方法。在项目开始阶段，团队可以对项目的内部优势和劣势及外部机会和威胁进行全面分析。对于建筑项目而言，内部因素包括项目团队的技能、经验和资源，外部因素则包括市场趋势、法规变化等。通过 SWOT 分析，项目团队可以初步识别可能影响项目成功的风险因素。

（2）制定风险登记表

建立风险登记表是另一种有效的定性分析方法。在项目启动阶段，项目团队应该收集并记录与项目相关的各种潜在风险，包括技术、经济、政治、环境等方面的因素。通过详细记录风险，团队可以更好地理解和管理这些风险，为后续的风险评估和预防措施的制定提供依据。

2. 定量分析

（1）敏感性分析

敏感性分析通过对项目关键变量进行模拟，评估这些变量对项目目标的影响。在建筑项目中，关键变量可能包括成本、时间、材料价格等。通过敏感性分析，团队可以识别哪些因素对项目的影响最为敏感，从而有针对性地进行风险管理。

（2）蒙特卡洛模拟

蒙特卡洛模拟是一种基于概率的风险分析方法。它通过引入随机变量和概率分布，模拟项目可能的各种情景。在建筑项目中，蒙特卡洛模拟可以用来评估成本和进度方面的风险。这种方法能够为项目团队提供更为精确和全面的风险评估，有助于制定更有效的风险预防措施。

（二）建筑项目风险预防与项目计划的融合

1. 风险预防的项目计划融合

（1）制订风险管理计划

在项目计划制订阶段，应制订详细的风险管理计划。该计划包括风险识别、评估、应对策略和监控等方面。团队需要确定风险的优先级，制定相应的风险应对策略，并明确风险的监控方法。这一步骤为项目执行阶段的风险预防奠定基础。

（2）风险量化与计划调整

通过定量分析方法，将风险量化为具体的指标，如概率和影响程度。这有助于项目管理团队更准确地评估风险的严重程度。在计划中引入这些量化指标，可以更好地制定预防措施。例如，对于成本风险，可以设置相应的储备金；对于进度风险，可以制订备用计划。

2. 项目执行中的风险预防

（1）持续风险监控

在项目执行过程中，团队需要持续监控项目进展和风险状况。及时收集和分析项目数据，可以发现潜在的风险并采取相应的措施。建立有效的沟通机制，确保团队成员能够及时报告和讨论可能的风险。

（2）灵活调整项目计划

面对新的风险或已识别风险的变化，项目计划需要保持灵活性。团队应该根据实际情况调整计划，重新评估风险的影响，并采取必要的措施。这可能包括重新分配资源、调整任务优先级或修改进度计划。

二、项目延迟的原因与处理

（一）项目延迟的常见原因

1. 资源不足

（1）人力资源不足

首先，在面对人力资源不足的问题时，我们首要考虑的是招聘合适的人才和构建强大的团队。制订明确的招聘计划，确保项目组能够迅速填补人员缺口。此外，通过有效的团队构建，确保每个团队成员都能充分发挥其专业优势，提高整个团队的协同效能。

其次，人员技能匹配不当可能导致任务无法按时完成。制订详细的培训计划，确保团队成员具备完成任务所需的必要技能。这可能涉及培训课程、工作坊、知识共享等多种培训手段，以提高团队的整体专业水平。

再次，在人力不足的情况下，我们可以考虑灵活运用外部资源。这可能包括短期合同工、外部顾问或专业服务提供商的雇用。灵活运用外部资源，可以迅速弥补人力短缺，确保项目能够按时推进。

（2）物质资源不足

首先，确保项目团队及时制订资源采购计划，明确所需设备、工具和材料的种类和数量。与供应商建立紧密的合作关系，确保资源的及时供应。在计划阶段就考虑资源采购，有助于降低因资源不足而导致的延迟风险。

其次，在资源有限的情况下，我们需要通过优化资源利用来最大程度地提高效率。这可能包括精确的资源调度、设备的合理配置及材料的有效使用。精细的资源管理，可以在资源不足的情况下最大程度地推动项目前进。

再次，建立多元化的供应链关系，降低对单一供应商的依赖。这样可以在某个供应商资源不足或出现问题时，迅速切换至其他可靠的供应商，减少因单一供应链故障而导致的延迟风险。

2. 设计变更

设计变更是项目管理中常见的挑战之一，它可能源于多个方面，包括客户需求的变更和新技术的引入。这种变更可能对项目的进度、成本和交付产生深远的影响。在处理设计变更时，项目团队需要采取一系列的策略和方法来最大程度地减轻潜在的负面影响。

首先，需求变更是设计变更的一大驱动力。客户或利益相关者的需求变更可能涉及项目的范围、功能、性能等方面的调整。为了更好地处理这种变更，项目管理团队需要建立健全的变更控制机制。这包括明确定义变更的流程、责任人和评审标准。建立有效的变更管理流程，可以确保变更请求经过充分的评估和批准，最大程度地减少变更对项目进度的负面影响。

其次，技术变更也是设计变更的重要因素。随着科技的不断发展，新的技术趋势和发现可能对项目的实施产生影响。项目管理团队需要保持对新技术的敏感性，及时了解行业的最新动态。在项目进行的过程中，如果出现新技术的引入，团队需要进行充分的技术评估，以确定是否需要调整项目的设计和实施计划。为了降低技术变更的风险，项目团队可以采用敏捷方法，通过迭代和反馈机制及时应对变更。

在面对设计变更时，项目管理团队还需要考虑变更的成本和时间。对于较小的变更，可以通过调整项目计划和资源分配来适应。但对于较大的设计变更，可能需要重新规划项目，并重新评估成本和进度。在这个过程中，项目管理团队需要与利益相关者保持密切的沟通，确保他们理解变更的必要性和影响，并在可能的情况下获得他们的支持。

设计变更的管理也涉及项目团队的技能和能力。项目管理人员需要具备灵活性和创新性，能够在面对变更时迅速做出决策并采取行动。团队成员需要具备不断学习和适应新技术的能力，以便更好地适应变化的环境。

3.外部环境

首先，政治经济因素在项目管理中是一个极为重要且常被低估的影响因素。政策的变化和宏观经济波动可能对项目产生深远的影响。在政策方面，不同政府层面的政策调整可能直接影响项目的法规要求、许可证申请和审批流程。这可能导致项目的重新规划和执行计划的调整。同时，宏观经济波动，如通货膨胀率、汇率变动等，可能导致项目成本的不稳定性，从而影响项目的预算和财务计划。项目管理团队需要建立敏感性分析和风险管理机制，以便及时应对潜在的政治经济风险。

其次，自然灾害是另一个外部环境因素，对项目的影响可能是突发且难以预测的。地震、洪水等自然灾害可能对项目区域的基础设施造成严重破坏，从而影响项目的进行。为了有效管理这一类风险，项目管理团队需要制订紧急响应计划，包括定期的风险评估和灾害演练。此外，项目团队还应该考虑在项目设计和实施中采用抗灾性和恢复性技术，以减少自然灾害对项目的潜在影响。

在处理政治经济和自然灾害因素时，项目管理团队需要与相关利益相关者保持密切的沟通。及时更新项目的风险注册表，并在必要时调整项目计划和资源分配，以适应外部环境的变化。与政府和当地机构建立紧密的合作关系也是至关重要的，以获取及时的信息和支持。

再次，跨学科的知识也是处理外部环境因素的关键。项目管理团队需要具备对政治、经济、环境等多个领域的了解，以更好地应对多样化的外部压力，建议团队中包含专业领域的专家，以提供深入的专业知识，并在需要时协助解决相关问题。

最后，项目管理团队还应该考虑建立风险储备和采取保险措施，以减轻外部环境因素对项目的潜在影响。风险储备可以用于处理未来可能发生的不可预测的事件，而保险则可以为项目提供额外的保障，帮助项目更好地应对外部环境的挑战。

（二）项目延迟处理策略与方法

1. 提前预警机制

首先，风险管理计划是项目中建立提前预警机制的关键步骤。通过制订详细的风险管理计划，项目管理团队能够系统地识别、评估和应对潜在的风险，特别是那些可能导致项目延迟的风险。团队应该进行全面的风险识别，包括但不限于技术风险、市场风险、人力资源风险等。每个风险都应该被细致地描述，包括可能的影响、概率和相关的缓解措施。在面对潜在的项目延迟风险时，项目管理团队要制订明确的应对策略和计划，确保其可以及时、有效地应对各种风险事件。此外，定期审查和更新风险管理计划，以适应项目进展和外部环境的变化，确保其持续的有效性。

其次，项目评审是另一个重要的提前预警机制。定期进行项目评审有助于及时发现潜在的问题，并采取预防措施，以避免项目延迟的发生。项目评审可以包括技术评审、质量评审、进度评审等多个方面。在技术评审中，项目管理团队可以检查项目的技术实现是否符合要求，是否存在潜在的技术难题。在质量评审中，项目管理团队可以审查项目的交付成果，确保其符合质量标准。在进度评审中，项目管理团队可以评估项目的实际进度与计划进度之间的差距，并及时调整计划以避免延迟。通过定期的项目评审，项目管理团队能够全面了解项目的状况，迅速做出反应，最大限度地减轻潜在的延迟风险。

除了风险管理计划和项目评审，项目管理团队还可以借助其他提前预警工具和技术，以更全面地把握项目的风险和进展情况。一种常见的方法是采用项目管理软件，通过追踪任务完成情况、资源分配和进度变化，及时发现可能导致延迟的问题。利用先进的数据分析和挖掘技术，可以对项目数据进行深入分析，识别潜在的趋势和模式，提前发现可能的问题。此外，建立有效的沟通渠道，确保项目管理团队成员之间和利益相关者之间能够及时共享信息，有助于及时发现潜在的问题并采取措施。

2. 资源调配

首先，优先级调整是资源调配的一项重要策略。根据项目的紧急程度和重要性，项目管理团队可以调整任务的优先级，确保关键任务得到足够的资源支持。这需要对项目的目标和战略进行全面评估，明确各项任务的优先级，并根据紧急性和战略重要性进行资源的合理分配。通过灵活地调整任务的执行顺序，项目管理团队可以更有效地利用有限的资源，确保项目的关键要素得到优先满足，最大程度地减轻可能导致延迟的风险。

其次，外部资源的引入是另一个重要的资源调配策略。当内部资源不足或无法满足项目需求时，团队可以考虑引入外部资源，如外包或建立合作伙伴关系。外包可以是一种快速获得额外技能和资源的途径，通过委托特定任务给专业机构或个人，项目管理团队可以更灵活地应对需求的波动。同时，建立合作伙伴关系也能够带来更广泛的专业知识和资源支持。这种策略需要谨慎选择合适的外部合作伙伴，并建立有效的合作机制，以确保外部资源的顺利整合和协同工作。

再次，技术工具和项目管理软件也是资源调配的有力工具。通过使用先进的项目管理工具，项目管理团队可以更好地追踪任务的执行情况、资源的分配和项目进度的变化。这些工具可以提供实时的数据和报告，帮助项目管理团队及时发现潜在问题并做出相应调整。在面对任务紧急情况时，项目管理软件可以帮助项目管理团队快速重新分配资源，优化任务的执行顺序，以确保项目能够按时交付。

在资源调配的过程中，项目管理团队还需要注重项目管理团队成员的技能和能力匹配。了解项目管理团队成员的专业领域和技能水平，合理分配任务，确保每个项目管理团队成员都能够发挥最大的价值。培养项目管理团队成员的多技能和跨领域合作能力，有助于其更灵活地应对项目的需求变化和资源挑战。

最后，建立有效的沟通渠道也是资源调配的关键。在项目管理团队成员之间及与利益相关者之间建立良好的沟通机制，确保信息能够及时共享。这有助于项目管理团队更好地协同工作，避免资源浪费，提高工作效率。

3. 合同管理

首先，合同条款的明晰性对于项目的成功实施至关重要。在项目合同中，项目管理团队应该明确规定项目时间表、交付标准和奖惩机制，以确保各方对项目进度有清晰的认识。时间表明确定义项目的关键里程碑和交付日期，有助于团队和合作伙伴对项目的整体进展有清晰的了解。交付标准的明确规定确保了对项目成果质量的共同期望，减少了因为理解差异而导致的争议。同时，奖惩机制的设立可以激励合同各方按时交付，并降低项目延迟的风险。在合同中设立奖励措施来鼓励超额完成和高质量交付，同时设置惩罚机制以对付潜在的延迟，确保各方都有充分的动力和责任心。

其次，变更管理是合同管理中一个不可忽视的方面。在项目执行过程中，设计或需求可能会发生变更，这可能对项目的进度和成本产生重大影响。因此，建立变更管理机制是确保项目成功的关键一环。变更管理机制应该规范变更的流程、责任人和评审标准。第一，明确变更的提出和评审流程，确保变更请求经过充分的评估和批准。第二，明确变更的责任人，包括变更的发起人、评审人和批准人。这有助于确保变更的决策和实施能够迅速而有效地完成。第三，建立评审标准，确保变更的提出符合一定的标准，避免不必要的变更。建立有效的变更管理机制，可以及时应对变更，减少对项目进度的负面影响。

在实际项目中，变更管理还涉及对合同的合理修改。在设计变更导致项目的重新规划和重新设计时，项目管理团队需要谨慎评估变更对项目的影响，与合同各方进行充分的协商和沟通，以达成合理的合同修改协议。这需要灵活性和谈判技巧，以平衡各方的权益，确保项目的顺利实施。

再次，合同管理还需要考虑到法律和合规性的因素。合同应该符合相关法律法规，并遵循商业道德和《中华人民共和国合同法》的原则。确保合同的合法性和合规性有助于避免潜在的法律纠纷，维护项目的稳定和可持续发展。

最后，项目管理团队在合同管理中还需要注重与合作伙伴之间的良好沟通。建立积极的合作关系，建设性地解决合同执行中的问题，有助于减少潜在的纠纷和延迟。及时共享信息，保持透明度，建立信任，是确保项目合同管理成功的关键因素。

4. 团队协作与沟通

第一，团队培训是提高团队协作与执行力的关键手段。通过系统的培训计划，项目管理团队成员能够提升专业技能、了解项目管理最新的行业发展趋势，增加对项目任务的执行力。首先，项目管理团队应该进行全面的需求分析，了解项目管理团队成员的技能短板和发展潜力。在基于需求的基础上，制订培训计划，包括但不限于专业技能培训、领导力培训、沟通技巧培训等方面。其次，培训计划应该注重实践性，采用案例分析、模拟演练等形式，使项目管理团队成员能够将所学知识有效地应用到实际工作中。通过定期的培训，项目管理团队成员能够不断提升自己的能力水平，增强项目管理团队整体的执行力，提高项目的整体效率。

第二，有效沟通是团队协作的基石。确保项目管理团队成员之间和团队与利益相关者之间的有效沟通，是项目成功的重要保障。首先，建立开放的沟通渠道，使项目管理团队成员能够自由地分享信息、观点和问题。这可以通过定期的团队会议、项目报告、在线协作平台等方式实现。其次，采用多样化的沟通方式，考虑到项目管理团队成员的不同工作习惯和沟通偏好。有时候，书面沟通可能更适合某些成员，而面对面的会议则更适合其他成员。再次，我们要注重及时性，确保信息的传递和反馈是及时的，避免信息滞后导致问题的扩大。最后，强调沟通的双向性，鼓励项目管理团队成员提出问题和建议，促进共同的问题解决和决策过程。

第三，在团队协作与沟通中，项目管理团队领导者发挥着至关重要的作用。首先，领导者应该树立良好的榜样，展示积极的沟通态度和团队协作精神。通过示范，激发团队成员的学习和改进意愿。其次，领导者要制订明确的沟通策略和计划，确保信息能够迅速传递到团队的每一个角落。领导者还应该了解团队成员的沟通风格和需求，根据不同情境采取适当的沟通方式。在团队培训方面，领导者可以发挥导向和组织作用，确保培训计划与团队目标和项目需求相匹配。

在实际项目中，团队协作与沟通的重要性是不言而喻的。通过团队培训提升团队的整体素质，通过有效沟通确保信息的传递和问题的及时解决，项目管理团队可以更好地应对项目的挑战，实现项目的顺利实施。通过以上提到的方法和策略，项目管理团队能够更好地适应不同的工作环境和团队成员的差异，从而提升团队整体绩效。

三、风险与延迟的协同管理

（一）建筑项目风险与延迟的关联性分析

1. 风险与延迟的紧密关系

（1）风险事件的连锁影响

首先，建筑项目中的风险事件并非孤立存在的，而是形成了一个复杂的传递与反应链条。以供应链中的材料延误为例，这可能直接影响到施工计划。当供应链中的材料未按时到达施工现场时，施工可能会被迫暂停或调整，导致原定计划无法顺利执行。这种连锁反应可能涉及多个层面，包括物流、施工、验收等，最终影响整体项目进度。

其次，设计变更是另一个常见的风险事件，它可能导致项目重新施工或重新审批，从而造成项目的延迟。当设计变更发生时，项目管理团队需要重新评估施工方案、调整工程流程，甚至重新获取相关许可。这些额外的工作量和步骤不仅会增加项目的复杂性，还可能导致原有计划无法按时执行，最终影响项目的进度。

（2）不确定性对进度的冲击

首先，建筑项目中存在的不确定性因素，如地质条件的变化，对项目进度可能带来直接冲击。在施工过程中，项目管理团队如果发现地下情况与原先预测不符，可能需要调整基础设计或采取其他应对措施。这种不确定性的变化可能导致施工工期的调整，从而引发项目的延迟。

其次，天气因素也是不可忽视的不确定性因素。不稳定的天气可能导致施工无法正常进行，特别是在户外工程中。雨雪等极端天气可能阻碍施工进程，需要调整工期或采取额外的防护措施，这些都有可能导致项目延迟。

最后，政策法规的变动也是一项潜在的不确定性因素。当相关法规发生变化时，项目可能需要重新审批或调整，这会带来额外的时间和资源投入，从而对项目的进度产生负面影响。

2. 降低风险，减少延迟的发生

（1）源头管理：规避和减轻风险

在项目规划阶段实施有效的风险管理，可以从源头上规避和减轻潜在的风险。这包括认真评估供应链的稳定性，选择可靠的合作伙伴，以及在设计阶段进行充分的风险分析，以识别潜在的问题。

（2）建立强有力的监测机制

定期监测项目进展，及时发现风险事件的迹象。通过引入监测工具和技术，可以更敏锐地察觉风险并采取预防措施。这包括使用项目管理软件、实时数据分析等手段，以提高对潜在延迟的感知能力。

（二）协同管理机制的建立与运行

1. 协同管理团队的组建

（1）源头管理：规避和减轻风险

首先，在项目规划阶段，对供应链的稳定性进行全面评估是降低风险的重要一环。这包括对供应商的信誉、交付能力、财务状况等进行详细调查。与可靠的供应商建立长期稳定的合作关系，有助于规避因供应链问题导致的延迟。建立供应商绩效评估机制，及时发现潜在问题，提高对供应链风险的识别和管理水平。

其次，建立强大的合作伙伴网络对于规避和减轻风险至关重要。选择具有丰富经验、专业技能和可靠业绩的合作伙伴，可以增加项目成功的概率。在选择合作伙伴时，项目管理团队要进行全面的背景调查和评估，确保其能够按时、按质完成任务。建立合作伙伴间的有效沟通机制，提高合作伙伴协同作业的效率，降低因合作问题导致的延迟风险。

最后，在项目设计阶段，进行充分的风险分析是降低未来风险发生概率的有效手段。项目管理团队应该仔细考虑可能涉及的各种风险，包括技术、法规、环境等方面的因素。制订详细的风险管理计划，明确风险的识别和应对措施，可以在项目实施过程中有针对性地降低潜在风险带来的延迟。

（2）建立强有力的监测机制

首先，定期监测项目进展是对风险的实时感知的重要途径。建立项目执行过程中的定期检查机制，通过对关键节点的监测，及时发现项目执行过程中的问题。这包括对施工进度、质量、成本等方面的监控。引入先进的检测工具和技术，如项目管理软件、实时数据分析系统，可以更准确、全面地了解项目的执行情况，及时识别可能导致延迟的风险因素。

其次，使用项目管理软件是一种高效的监测手段，能够帮助项目管理团队实时跟踪进度、资源分配和成本情况。这有助于及时发现潜在的问题，减少项目延迟的风险。实时数据分析系统可以帮助团队更好地理解和解释项目数据，提高对潜在延迟因素的敏感度。通过这些检测工具和技术的应用，项目管理团队可以更加迅速地做出反应，采取预防措施，降低项目延迟的风险。

2. 制订协同管理计划

在建筑项目管理中，制订协同管理计划是确保项目团队高效协作、及时解决问题的关键步骤。明确沟通计划和进行阶段性协同评估，可以提高团队的整体协同效能，从而降低风险和减少延迟。

（1）沟通计划的制订

首先，在制订沟通计划时，首要任务是明确团队成员之间的沟通方式。这可能包括定期团队会议、在线协作平台、电子邮件、即时消息等多种方式。确定适合团队的沟通工具，以确保信息的及时传递和共享。

其次，沟通频率的规定对于项目的协同效能至关重要。明确团队会议的定期召开时间，设定沟通的频率，以确保团队成员能够定期交流工作进展、发现潜在问题，并采取相应的行动。

再次，沟通内容的明确是沟通计划中的关键步骤。确保沟通内容包含项目目标、工作计划、风险评估、问题解决方案等方面的信息。透明且全面的沟通内容有助于团队成员更好地理解项目的整体情况，从而更好地应对潜在的风险和延迟。

最后，制订沟通计划时，项目管理团队需要建立明确的问题沟通渠道。确定问题的上报方式、责任人和解决时限，以确保项目管理团队在面对问题时能够迅速而有效地进行沟通和解决。

（2）阶段性协同评估

首先，在协同管理的阶段性评估中，首要任务是设立评估标准。这包括团队协同效能的指标、团队沟通的质量、问题解决的速度等方面的标准。设立明确的评估标准，可以客观地衡量团队的协同绩效。

其次，制订协同管理计划时，项目管理团队需要规定定期进行协同评估的时间点。这可能是每个项目阶段结束时、每个季度或每个月结束时。定期的评估，可以及时发现协同问题，及时进行调整和改进。

再次，设立专门的评估团队或委员会，负责对协同管理的效果进行独立评估。评估团队可以包括外部专业人员或项目管理专家，以确保评估的客观性和专业性。

最后，在阶段性协同评估后，项目管理团队需要及时纠正发现的问题并进行改进。这可能包括调整沟通计划、更新协同工具、加强培训等方面。通过不断的改进，项目管理团队可以逐步提高协同效能，更好地应对风险与延迟。

3. 建立应急响应机制

在建筑项目管理中，建立应急响应机制是保障项目顺利进行的关键环节。通过制定应急预案和进行模拟演练，项目管理团队能够更加迅速、精准地应对突发风险和延迟情况，确保项目按时、按质完成。

（1）应急预案的制定

首先，在制定应急预案时，首要任务是明确可能引发风险和延迟的种类。这可能包括供应链问题、设计变更、天气突变等多方面的因素。通过对潜在问题的全面分析，项目管理团队可以制定更具针对性的应急预案。

其次，在应急预案中，制订备用计划是确保项目进度不受阻碍的有效手段。备用计划应包括对可能受到影响的工作流程、人员调配等方面的替代方案，以便在出现问题时迅速切换至备用计划，减少对项目的不利影响。

再次，建立应急预案时，项目管理团队需要明确资源调配的策略。这可能涉及人员、资金、物资等资源的调配，确保其在紧急情况下能够及时投入到最需要的地方，最大限度地减轻风险和延迟带来的影响。

最后，为应对风险与延迟，建立应急团队是至关重要的。这个团队应由具有丰富经验和专业技能的成员组成，他们能够在紧急情况下迅速做出决策、协调资源、推动问题的解决。明确应急团队成员的角色和责任，确保在紧急情况下团队能够高效协同合作。

（2）模拟演练

首先，制订定期的模拟演练计划，确保整个团队能够定期参与演练活动。演练计划应包括不同类型的风险和延迟情景，以确保团队成员对各种情况都能够做出迅速而明智的决策。

其次，在每次模拟演练中，设定清晰的目标。这可能包括测试应急预案的有效性、提高团队对协同管理的熟悉度、加强团队成员的协作能力等。设定明确的目标，可以更好地评估演练的效果并进行改进。

再次，在模拟演练中，需要尽量模拟真实的情况。这可能包括时间紧迫、信息不足、资源短缺等多方面的因素。模拟真实情况，项目管理团队能够更好地应对紧急情况，增强应对危机的能力。

最后，每次模拟演练后，项目管理团队都需要进行全面的总结和评估。项目管理团队应收集反馈意见，识别模拟演练中存在的问题和不足，并制定改进措施。通过不断的改进，项目管理团队在实际面临风险与延迟时能够更加从容、高效地应对。

思考题

1. 在项目一中，项目计划的制订与调整是关键步骤之一。思考一下，为什么项目计划需要灵活性和可调整性？能否提供一些例子说明在项目执行过程中可能发生需要调整计划的情况？

2. 在项目二中，进度计划与资源管理密切相关。思考一下，如何在制订进度计划时考虑到资源的有效分配和调配，以确保项目按时完成并充分利用可用资源？

3. 在项目三中，风险管理和延迟处理是项目成功的关键因素。思考一下，如何有效评估项目风险并采取预防措施，以及在项目延迟发生时如何迅速做出反应并采取措施以最小化影响？

4. 考虑到项目三中的风险与延迟的协同管理，思考一下如何在项目团队中建立有效的沟通和协作机制，以便及时识别和应对潜在的风险与延迟因素？

5. 从整体项目管理的角度出发，思考一下项目计划、资源管理和风险控制之间的平衡。如何在确保项目按计划进行的同时，灵活应对变化和风险，以提高项目成功的可能性？

模块八　可持续施工与环境保护

项目一　环保意识与可持续施工

一、环境法规与标准

（一）建筑施工设计环境法规

1. 环境法规体系分析

（1）《中华人民共和国环境保护法》

《中华人民共和国环境保护法》是中国环保法规的基石，对建筑施工设计阶段具有重要影响。该法规明确了适用范围、责任主体和处罚措施，为建筑项目提供了明确的法律依据。在适用范围方面，该法规覆盖了建筑施工的各个阶段，从规划设计到施工、运营阶段都要求符合环境保护的要求。责任主体涵盖了政府、企业和个人，强调了各方在环境保护中的共同责任。

它对建筑施工的具体要求体现在对环境影响评价和环境影响报告的规定上。建筑施工前，必须进行环境影响评价，评估项目可能对环境造成的影响，并提出相应的环保措施。施工过程中，法规要求项目必须符合相关的环境保护要求，否则将面临处罚措施。这包括对废水、废气、噪声等排放的规范，以及对土地资源的合理利用等方面的要求。因此，建筑施工设计团队在制定项目方案时，首先需要仔细研究并确保符合《中华人民共和国环境保护法》的规定。

（2）《建设工程环境保护管理办法》

《建设工程环境保护管理办法》对建筑项目中的环境保护措施进行了更为详细的规范。该法规在施工前强调了环境影响评价的重要性。在评价过程中，项目的影响因素必须全面考虑，包括但不限于土地利用、水资源、空气质量等。这有助于在设计阶段就确定合理的环境保护措施，从源头上减少对环境的负面影响。

在施工过程中，法规对建筑施工项目提出了具体的环保要求。例如，要求建筑工地必须设立环境保护专职人员，负责监测和管理环保工作。同时，对废弃物的处理也有详细规定，包括分类收集、合理处置等。此外，对于可能产生噪声、振动等环境污染的施工活动，也有详细的管理要求。这些规定都有助于建筑项目在施工阶段更好地履行环境保护责任，减少对周边环境的不良影响。

（3）综合分析与建议

综合来看，《中华人民共和国环境保护法》和《建设工程环境保护管理办法》共同为建筑施工设计提供了全面的法规依据。在项目启动前，团队首先需要深入了解这两部法规的具体要求，确保项目计划和设计方案符合法规的规定。其次，团队在施工过程中需要建立严格的环保管理制度，包括专职人员的聘用、环境监测系统的建立等。最后，团队需要及时更新自己的知识体系，关注法规的最新变化，以确保项目始终处于合规状态。

建议建筑施工设计团队与环保专业人员密切合作，共同制定符合法规要求的环保方案。同时，加强与当地环保部门的沟通，及时获取法规变化的信息，确保项目在法规层面的合规性。通过这些努力，建筑施工设计项目可以更好地实现环境保护的目标，为可持续发展做出积极的贡献。

2. 法规的实施对项目的影响

法规合规性对建筑施工设计的影响不可忽视。

（1）社会责任的全面担当

法规合规性不仅仅是企业应尽的法律义务，更是企业履行社会责任的具体体现。通过严格遵守法规，企业展现了对社会、对员工、对公众的责任感。这种社会责任感有助于树立企业良好的公众形象，增强企业在社会中的声誉。在建筑施工设计中，社会责任的体现包括对建筑物影响周边社区的考虑，以及对员工的良好管理和安全保障等方面。通过遵守相关法规，企业能够建立起可靠、负责任的企业形象，有助于赢得公众的信任和支持。

（2）生态环境保护的积极实践

合规实施法规在建筑施工设计中对生态环境保护具有重要作用。建筑项目的规模和影响力往往不仅局限于项目自身，还会波及周边的生态系统。合规性的实施能够最大限度地减少对周边生态环境的负面影响，确保建筑施工过程对环境的损害最小化。这可能包括合理的废弃物处理、采用环保材料、保护自然生态系统等措施。通过这些实践，建筑项目可以积极参与生态环境保护，为社区和生态系统的可持续发展贡献一份力量。

（3）可持续发展的基础保障

法规合规性是项目可持续发展的基础，有助于降低法律风险。随着社会对环保和可持续发展的关注不断增加，法规对于建筑施工设计的规范也日益严格。项目若能够合规地实施相关法规，将更容易获得政府的支持和认可，减少面临法律纠纷的可能性。同时，法规合规性也是吸引投资者和合作伙伴的重要因素，因为这表明项目是在合法、可持续的基础上运作的。

（二）建筑施工设计环境标准

1. 环境标准的制定与更新

建筑施工设计过程中的环境标准起到了规范作用。

（1）标准制定过程的详细阐释

标准的制定过程有复杂而严密的流程，需要从多个方面保障标准的科学性和合理性。首先，对相关法规的解读是标准制定的基础。建筑施工设计涉及众多法规和规范，对这些法规的准确理解是确保标准与法规一致的前提。在标准制定的初期，专业法务人员需要对相关法规进行全面解读，明确法规对建筑环境的要求和限制。

其次，行业专家的评审是标准制定过程中的关键环节。这些专家通常涵盖建筑设计、工程施工、环保科学等多个领域，能确保标准的科学性和实用性。专家们可以提供实际经验和前沿技术的见解，使标准更具可操作性和前瞻性。专家评审，可以排除标准中的不切实际或过于理论的部分，提高标准的实际适用性。

再次，公众参与也是标准制定过程的一部分。公众是建筑环境的最终用户，因此他们的意见和需求应该被充分考虑。这可以通过公开听证会、在线调查等方式进行，收集公众的意见和建议。这有助于标准更好地反映社会的共识和期望，增强标准的可接受性和可执行性。

（2）标准及时更新的战略性重要性

标准的及时更新是建筑施工设计过程中保持与最新环境要求相符的关键。随着科技和社会的不断发展，环境保护的要求也在不断变化。及时了解并应用新标准有助于提高项目的环境适应性，确保建筑设计和施工过程符合最新的环境法规和最佳实践。

及时更新标准需要建立一个灵活的机制，能够快速响应新的法规和技术进展。这可能涉及定期的标准审查和修订，以及与相关政府部门和研究机构的密切合作。同时，建立一个专门的团队负责标准的跟踪和更新，确保整个流程高效而有序。

在标准更新的过程中，我们还应该注重对行业内从业人员的培训。新标准的实施可能涉及新的工艺、新的材料或新的操作方式，因此及时的培训是确保标准能够得到有效贯彻的重要环节。

2. 标准的重要性

（1）技术发展跟进

标准的及时更新对建筑施工设计至关重要，因为它使得项目能够跟随技术的发展步伐，采用最新的环保技术和方法。随着科技的不断进步，环保领域也在不断涌现新的技术和解决方案。标准的更新能够反映这些新技术的最佳实践，为建筑施工设计提供更为科学、有效的指导。例如，通过了解最新的能源效率标准，建筑师和工程师可以选择更先进的节能技术，从而使项目在能源利用方面达到更高水平。标准的及时更新确保了建筑施工设计不仅符合过去的要求，更能够在当前科技发展的基础上实现环保目标。

（2）提高设计水平

遵循相关环境标准有助于提高建筑设计的水平，确保项目在环保方面达到国际水平。环境标准通常是通过对全球范围内的最佳实践和经验进行总结和提炼而制定的。因此，遵循这些标准意味着借鉴了全球先进的环保理念和方法。这对于提高建筑设计水平具有重要意义。例如，一些国际性的标准可能包含了先进的绿色建筑设计原则，通过遵循这些原则，建筑师可以更好地实现能源效率、材料可持续性等方面的目标。同时，符合国际环保标准还有助于提高项目的国际竞争力，使得项目更受国际市场欢迎。

（3）全面提升项目的可持续性

标准的重要性还体现在全面提升项目的可持续性方面。环境标准通常涵盖了多个方面，包括能源利用、水资源管理、废弃物处理等。通过遵循这些标准，建筑施工设计可以在多个层面上优化项目，实现全面的可持续性。例如，在材料选择上，环保标准可能要求使用可再生材料或具有低碳足迹的材料，从而减少项目的环境影响。在水资源管理方面，标准可能推动项目采用节水技术，降低用水量。通过全面提升项目的可持续性，建筑施工设计能够更好地适应未来社会对环保和可持续发展的需求，为人们提供更健康、更宜居的建筑环境。

二、绿色建筑认证与评估

（一）绿色建筑认证体系

1. LEED 认证

（1）LEED（Leadership in Energy and Environmental Design）是国际上广泛应用的绿色建筑认证体系。以下是对 LEED 的详细介绍：

（2）评价标准

LEED 通过对能源利用、材料选择、室内环境质量等多方面的评估，为建筑提供了综合性的评分标准。

（3）申请流程

详细探讨 LEED 认证的申请流程，包括提交材料、评估过程和最终认证的步骤。

所需条件：强调获得 LEED 认证需要满足一定的条件，包括达到一定的分数门槛和符合特定的绿色建筑标准。

2.BREEAM 认证

BREEAM（Building Research Establishment Environmental Assessment Method）是另一种广泛使用的绿色建筑认证体系，以下是对 BREEAM 的详细探讨：

（1）评价标准

BREEAM 关注建筑的可持续性，通过对节能、水资源利用、生态系统保护等方面的评估，提供了全面的标准。

（2）申请流程

探讨了 BREEAM 认证的申请流程，包括注册、评估、审核等步骤。

（3）所需条件

强调了获得 BREEAM 认证的条件，包括符合特定的环保要求和通过评估。

（二）认证与项目管理的融合

1. 认证目标的设定

（1）明确目标的深入考量

在项目启动阶段，明确绿色建筑认证的目标是确保整个项目在可持续发展的轨道上前行的基石。这需要从多个角度进行深入考虑。团队需要选择适合项目的认证体系，比如 LEED、BREEAM 等，而选择的体系应该与项目的性质和目标相契合。同时，确定认证级别是至关重要的，不同级别对项目的要求和影响是不同的，我们需要根据项目的实际情况进行权衡和决策。

明确目标还包括对绿色建筑认证的具体要求的明晰了解。这可能包括能源效率、水资源利用、室内环境质量等方面的指标。明确这些具体要求有助于团队在后续的设计、施工和运营阶段有针对性地进行工作，从而更好地达到认证的标准。

在目标的设定过程中，建议团队与认证机构或专业咨询师进行沟通，获取专业建议。这有助于确保目标的合理性和可行性，避免在后续阶段出现不必要的调整和延误。

（2）整合项目目标的战略性对齐

将绿色建筑认证的目标与整体项目目标相结合，是确保在可持续发展方面取得最大效益的关键一步。这需要在项目初期明确项目的长期愿景和战略目标，并将绿色建筑认证作为实现这些目标的一部分。

例如，如果项目的核心目标是提高建筑的能源效率，那么选择符合这一目标的认证体系和级别是至关重要的。如果项目的愿景是在社区内树立一个环保的典范，那么绿色建筑认证的目标可能需要更加强调社会责任和可持续性。

整合项目目标还需要考虑项目的经济可行性，包括认证的成本和收益。团队需要在项目目标和绿色建筑认证目标之间找到平衡，确保认证的投入不会过大而影响项目的整体经济效益。

通过明确目标和整合项目目标，团队可以更有针对性地推动绿色建筑认证的实施，确保其在项目中发挥最大的作用，同时为整个项目的可持续发展奠定坚实的基础。这种目标设定的深入考量和战略性对齐不仅在实际项目中具有实践性，也为相关领域的学术研究提供了丰富的案例和经验。

2. 认证过程的整合

（1）项目计划的绿色建筑认证整合

在项目计划中精准嵌入绿色建筑认证的时间节点是确保认证顺利进行的关键一步。这需要在项目计划的初期就明确认证的相关要求，并将其整合到整个项目的时间轴中。这样一来，认证的各个阶段能够与项目进度相一致，避免了认证过程可能对项目整体进度造成的不利影响。

为了更好地整合认证流程，项目计划需要详细考虑认证所需的各项任务，例如设计审查、材料选择和施工阶段的环保措施。这些任务需要在项目计划中被合理地安排和分配资源，确保认证过程的平稳推进。同时，灵活性也是关键，以应对可能出现的变更和挑战，确保整个项目不受认证流程的制约。

在项目计划中嵌入认证时间节点的同时，团队成员要确保对这些节点的重要性有清晰的认识。这可以通过项目会议、进度报告等形式进行沟通，以确保整个团队都对认证过程的时间要求有共同的认知，从而保证项目计划的一致性和执行力。

（2）团队培训的战略性整合

为了提高项目团队对绿色建筑认证的理解和共识，团队培训是必不可少的一环。培训应该覆盖认证的基本原理、标准要求、评估方法及团队成员在认证过程中的具体职责。这可以通过内部培训课程、外部专业讲座、工作坊等多种形式进行。

培训的内容应该根据团队成员的不同职能进行个性化设计，以确保每个成员都能理解并履行自己在认证过程中的职责。例如，建筑师可能需要更深入地了解绿色设计原则，而工程师则需要关注可持续建筑材料和能源效率方面的知识。

此外，培训应该是一个持续的过程，而不仅仅是项目开始阶段的一次性活动。通过定期更新培训内容，团队能够随时跟上绿色建筑认证标准的变化和行业最新趋势。培训也可以通过分享成功案例和经验教训来促进团队学习，使得认证知识在团队中得以传承和积累。

通过项目计划的整合和团队培训的战略性安排，我们可以更好地确保绿色建筑认证在项目中得到全面而有力的支持，提高团队整体的执行力和项目成功的可能性。这种整合不仅有助于项目的顺利推进，还能为团队成员提供了在绿色建筑领域持续学习和发展的机会，具有显著的学术价值。

3. 团队的共同努力

（1）跨职能团队合作的必要性

在推动绿色建筑认证的过程中，项目团队的协同合作至关重要。绿色建筑认证涉及多个专业领域，包括建筑设计、工程施工、室内设计等多种职能。建筑师需要设计符合绿色标准的建筑结构，工程师需要确保可持续性材料的使用和能源效率，项目经理需要协调各方面的资源以确保项目的整体成功。这种跨职能的合作不仅仅是为了通过认证，更是为了创造一个可持续的建筑环境。

（2）持续改进机制的建立

认证过程并不仅仅是为了获得一次性的成就，更应该被看作是项目管理的一个推动器。为了实现这一点，团队需要建立一个经验总结和持续改进的机制。这包括对认证过程中的成功和挑战进行深入分析，形成经验教训。通过这样的总结，团队可以不断改进其工作流程和方法，提高项目管理的效率和质量。

为了确保这一机制的有效性，我们可以引入定期的项目回顾会议，邀请各职能团队成员分享他们的经验和观点。这样的会议不仅可以促进信息共享，还可以激发团队成员的创新思维。另外，建立一个知识库，用于存储和分享项目中积累的经验，这样可以帮助新成员更快地融入团队，并避免重复的错误。

三、环保文化与社会责任

（一）环保文化建设

1. 环保文化的定义与重要性

环保文化是一种组织内部树立的价值观和行为准则，旨在促使组织成员在各个层面上都积极参与和支持环保活动。在建筑施工项目中，倡导和建立环保文化具有深远的意义。

（1）定义环保文化

环保文化是建筑施工项目中对环保理念的共同认知和践行，涵盖了从管理层到基层员工的所有层面。这种文化鼓励人们在项目中采用环保的工作方式，推崇可持续的发展理念，并通过培训和宣传等手段不断传递这种文化的核心价值。

（2）环保文化的重要性

a. 增强环保意识

环保文化有助于提高项目团队成员对环保重要性的认识，使其在日常决策和操作中更加注重环保因素。

b. 改变行为习惯

环保文化的建设，可以促使员工养成环保的行为习惯，从而在工作中减少对环境的负面影响。

c. 加强团队凝聚力

共同的环保价值观有助于增强团队的凝聚力，使项目成员在共同的目标下更加协同合作。

2. 倡导环保文化的手段

（1）员工培训

通过定期的员工培训，向团队成员介绍环保的相关知识，包括最新的环保技术、法规和标准。培训还可以涵盖环保实践的具体案例，以激发员工的学习热情和积极性。

（2）宣传教育

通过多种媒体渠道进行宣传教育，包括内部通讯、项目网站、社交媒体等。这可以帮助项目团队成员更广泛地了解环保文化的核心理念和项目在环保方面的努力。

3. 在项目中树立良好的环保形象

（1）项目设计阶段

在项目设计阶段，倡导使用可再生材料、遵循节能设计等环保原则，与环保专业人员合作，确保项目在设计上符合最新的环保标准。

（2）施工阶段

在施工过程中，强调垃圾分类、节水、节能等环保措施，设置环保示范区域，展示项目在可持续建设方面的创新实践，以吸引更多的关注。

（3）运营和维护阶段

项目的环保文化应贯穿整个项目的生命周期。在运营和维护阶段，建立定期的环保检查和评估机制，确保项目一直符合最新的环保标准。

（二）社会责任与环境保护

1. 建筑施工项目的社会责任

（1）对周边社区的影响

建筑施工项目对周边社区的影响不仅仅局限于建设期间，还包括项目完成后的长期影响。社会责任体现于积极主动地降低施工对周边居民生活的干扰，同时提供就业机会和公共设施，为社区的可持续发展做出贡献。

（2）文化遗产的保护

建筑施工项目在进行前，需要对项目所在地的文化遗产进行充分的调研和保护规划。通过采用环保材料、符合传统建筑风格的设计，项目可以更好地保护和传承当地的文化遗产。

2. 社会责任的积极贡献

（1）项目的长期影响

社会责任不仅关注项目在建设期的影响，更要考虑项目在运营和维护阶段对周边社区和环境的长期影响。这可能包括对生态系统的恢复、社区的可持续发展和公共服务设施的维护。

（2）项目的创新性贡献

建筑施工项目可以通过引入创新的环保技术和工艺，为社会和行业带来积极的影响。例如，采用可再生能源、推广绿色建筑技术等创新性做法，这不仅有助于项目的环保形象，也为社会提供了先进的环保解决方案。

3. 考虑环保与社会责任的整合

（1）制订全面的社会责任计划

在项目规划初期，我们应制订全面的社会责任计划，明确项目在环保和社会责任方面的目标和措施。这需要与当地社区和政府进行充分的沟通和合作，确保项目符合当地的社会需求和期望。

（2）开展社区参与和沟通

建立与周边社区的有效沟通机制，征求居民的意见和建议。通过定期的社区会议、公开听证会等形式，项目团队能够更好地理解社区的需求，提高社会责任的履行度。

（3）持续监测和评估

建立完善的监测和评估体系，跟踪项目在环保和社会责任方面的表现。定期发布项目的可持续发展报告，向公众透明展示项目的成绩和改进计划，以建立信任和认可。

4. 社会责任与环保的协同效应

（1）制定综合性目标

将社会责任和环保目标融入项目的整体规划中，确保两者相辅相成。例如，在建设过程中不仅关注环境的保护，还注重提供良好的社会服务，促进当地经济的可持续发展。

（2）强化员工培训

建立社会责任与环保培训计划，使项目团队充分了解项目的社会责任使命和环保目标。员工的积极参与是项目社会责任和环保文化成功实施的关键。

（3）创新环保技术的应用

鼓励和支持项目团队采用创新的环保技术。通过引入新技术，项目不仅能够提高环保水平，还能在社会责任层面展现领先地位。

项目二　节能施工技术与绿色建筑设计

一、节能技术与材料

（一）先进的节能施工技术

1. 高效保温技术

随着科技的迅猛发展，高效保温技术在建筑施工领域的应用正在不断创新和拓展。这方面的进步涵盖了多个层面，主要包括：

（1）外墙保温系统

采用外墙保温系统是当前建筑中常见的高效保温技术之一。通过选用优质的保温材料，如聚苯板、岩棉板等，外墙保温系统有效提高了建筑外墙的保温性能。这不仅有助于降低建筑的能耗，还能改善室内热舒适度，减少对传统暖通空调系统的依赖。

（2）保温材料的创新应用

新型保温材料的引入是节能施工领域的一项重要创新。例如，气凝胶和蓄热材料等新型材料具有更高的保温性能，能够在相对较小的厚度下实现更好的隔热效果。这种创新应用不仅有助于降低建筑物表面温度的波动，还在一定程度上提高了建筑物内部的舒适度。

2.高效采光技术

（1）智能窗户系统

智能窗户系统是一种基于室内外光照情况智能调节的技术。通过传感器和自动化控制系统，窗户可以实时调整透光度，最大程度地利用自然光，从而降低室内照明的能耗。这种技术不仅提高了建筑的能源利用效率，还为居住者提供了更为舒适的环境。

（2）光导纤维技术

光导纤维技术是一种将自然光引导到建筑物内部的创新方法。通过光导纤维的引导，室内空间可以实现更均匀的采光，减少对人眼的刺激。这项技术不仅提高了建筑物内部的采光质量，还在一定程度上减少了对电照明的依赖，从而降低了能源的消耗。

通过不断推陈出新的高效保温技术和高效采光技术的应用，建筑施工领域在节能减排和可持续发展方面迈出了坚实的步伐。这些技术的创新应用为建筑行业的可持续发展提供了技术支持，同时也为社会创造了更加环保和宜居的建筑环境。

（二）新型绿色建筑材料

1.可再生材料

可再生材料是当前绿色建筑领域的关键发展方向之一，其特性和应用涉及多个方面，包括：

（1）竹木的可持续性

竹木作为一种可再生的建筑材料，具有出色的可持续性。详细研究竹木的生长周期、机械性能和防腐特性，强调其在建筑中的广泛应用。竹木的轻质、高强度和可塑性使其成为替代传统木材的理想选择。

（2）可降解塑料的应用

深入研究可降解塑料等新型材料的特性和应用。这些材料在建筑中的使用旨在减少对传统塑料和化石燃料的依赖，同时降低建筑材料的环境影响。探讨这些材料在结构、绝缘和装饰方面的创新应用，以实现更可持续的建筑设计。

2.环保材料的应用

环保材料的选择对建筑项目的环保性和可持续性至关重要。具体而言，我们可以深入探讨以下方面：

（1）回收金属的再利用

回收金属不仅能减少对矿产资源的开采，还有助于降低能源消耗和减少废弃物的产生。强调其在建筑结构、外观装饰等方面的多样应用。

（2）再生玻璃的环保性

研究再生玻璃的特性，如制造过程的环保性、性能特点等。再生玻璃的应用涉及建筑中的窗户、隔断、墙板等多个方面，其回收再利用的特性有助于减少玻璃废弃物的排放，同时能够降低生产新玻璃的能源成本。

3.意义与挑战

扩展讨论选择可再生材料和环保材料对项目的环保性和可持续性所产生的积极意义。同时，我们要提及在推广和应用这些材料过程中可能面临的技术、经济和市场挑战，以及如何克服这些挑战。

深入研究新型绿色建筑材料的特性和应用，可以为建筑设计和施工提供更多的选择，促使建筑行业更加环保、可持续地发展。

二、绿色建筑设计原则

（一）可持续性

1. 可持续性概念的详细介绍

可持续性是绿色建筑设计的核心原则之一，涉及多个层面的考虑。

（1）生态系统的保护

首先，在项目设计中，保护生物多样性是可持续性的重要方面。通过采用生态友好型设计，例如绿色屋顶、庭院生态系统，建筑可以提供适宜的栖息地，促进植物和动物的多样性。此外，精心规划的景观设计可最大程度模仿自然生态系统，创造对当地生物多样性友好的环境。

其次，持续性设计中还需要考虑土壤的保护。使用透水铺装、植被覆盖等手段，减少对土壤的覆盖和污染，有助于保持土壤的健康状态。采用土地再生技术，如植被恢复和土壤修复，有助于减轻建筑活动对土壤的负面影响。

最后，在建筑和基础设施规划中，我们应采取措施以减少对自然环境的干扰。这包括最小化土地利用、保留自然景观、限制水资源的使用等。通过环境影响评价，我们可以全面评估项目对周围生态系统的潜在影响，并制订相应的保护计划。

（2）社会责任的履行

首先，绿色建筑项目应当通过积极参与和支持当地社区，实现社会责任的履行。这包括与当地社区协商、提供社会服务设施、支持当地教育和文化项目等。通过建立积极的合作关系，项目可以成为社区的一部分，为社区发展做出积极贡献。

其次，可持续性不仅仅关乎环境，还关乎社会。项目应确保员工在安全、卫生和公平的工作环境中工作。这包括提供员工培训、健康保险、工作生活平衡等方面的支持。通过制定符合道德标准的用工政策，项目可以在社会责任方面展现领导力。

除了对当地社区和员工的关注，可持续性设计还应关注项目对整个社会的积极影响。例如，通过采用可再生能源、减少碳排放，项目可以为气候变化和环境可持续性做出贡献。与社会企业合作、推动可持续发展倡议等也是项目社会责任履行的方式。

2. 可持续性在项目设计中的体现

（1）合理利用土地资源

深入研究如何在项目设计中最大程度地合理利用土地资源，避免不必要的土地开发，保护自然生态系统。

（2）社区的可持续发展

强调项目设计中要注重社区的可持续发展，包括建立社区基础设施、提高社区生活质量等方面的设计策略。

（二）节能性

1. 节能性原则的深入研究

节能性是实现可持续性的关键因素之一。深入研究以下方面：

（1）合理利用土地资源

在项目设计中，需要深入研究如何最大程度地避免不必要的土地开发，以保护自然生态系统。这涉及以下关键策略：

第一，在项目规划阶段，应进行详尽的土地利用规划，综合考虑土地的自然特征、生态系统和社会需求。科学的规划，可以最大程度地减少对原有植被和动植物栖息地的影响，确保土地的生态完整性。

第二，采用高效的空间利用设计是减少土地开发的有效途径。通过合理布局建筑和基础设施，最大化利用现有土地资源，避免无谓的土地浪费。这可能包括多层次建筑设计、垂直城市规划等创新型的方案。

第三，可持续性设计还应关注土地的复用和再生。将废弃或受损的土地重新纳入利用，通过土地修复技术和植被恢复来恢复土地的生态功能。这有助于减少新土地的开发需求，减轻对原始生态系统的压力。

（2）社区的可持续发展

项目设计中要注重社区的可持续发展，这不仅包括建立社区基础设施，还需提高社区生活质量。以下是关于如何体现社区可持续发展的设计策略：

第一，在项目设计中，我们应当优先考虑社区基础设施的规划，包括但不限于水源、能源、交通、医疗、教育等方面的设施，以满足社区居民的基本需求。可持续性设计应确保这些设施的高效性、可再生性，并与自然环境协调。

第二，社区绿化和景观设计是关键的可持续设计策略，可以提高社区居民的生活质量。增加绿地覆盖率、创建公共花园和休闲区域，不仅改善了空气质量，还促进了社区成员之间的互动。同时，景观设计要考虑湿地植物，降低水资源的使用，提高生态系统的适应性。

第三，可持续性设计还要强调社区参与和文化保护。与社区居民密切合作，了解他们的需求和价值观，确保设计方案符合社区的长期发展目标。保护和弘扬当地文化，确保社区的可持续发展与其文化传承相协调。

2. 高效能源利用的实现

（1）建筑结构的合理设计

在实现高效能源利用方面，建筑结构的设计是关键的一环。

首先，建筑形态的优化可以通过最大程度地减少能源流失来提高能效。合理的布局和朝向能够最大程度地利用自然光和自然通风，减轻对人工照明和通风系统的依赖。

其次，选择适当的建筑材料对于能源利用至关重要。建筑材料应该具有良好的保温性能，以减少冷热能量的传递。绝缘性能出色的材料，如高效保温材料，能够有效隔离室内外温差，减小空调和暖气的使用频率。此外，建筑材料的寿命和维护成本也是考虑因素，因为长期的维护和更换可能会导致能源浪费。

（2）材料的选择与性能

选择具有良好节能性能的建筑材料是实现高效能源利用的重要步骤。高效保温材料如岩棉、聚氨酯泡沫等，能够有效隔热，降低暖通设备的负荷。此外，光热转换材料，如太阳能电池板，可以将阳光转换为电能，为建筑提供可再生能源。

除此之外，建筑材料的生产过程也应该被纳入考虑。选择可持续、环保的建筑材料能够减少生产过程中的能源消耗和环境影响。

总体而言，高效能源利用的实现需要建筑结构设计与建筑材料选择相互配合。综合考虑建筑形态、材料性能和环保因素，可以打造更为节能环保的建筑，为可持续发展贡献一份力量。

（三）环保性

1.环保性核心原则的探讨

环保性是确保建筑项目对环境的最小化影响的关键原则。深入研究以下方面：

（1）对环境的最小化影响

环保型建筑项目的设计应始于对环境的最小化影响的深刻理解。建筑设计应注重降低能源消耗，采用可再生能源和高效能源设备，以减少对非可再生资源的依赖。优化建筑朝向、采用遮阳设计和增加自然通风，最大程度地利用自然资源，减轻对人工照明和空调系统的依赖。

在设计阶段，我们也应该考虑到降低排放的策略。选择低碳材料、采用绿色建筑设计标准以及推动可持续交通方式，都是减少碳足迹和污染的关键因素。项目设计还应该关注生态系统的保护，避免对当地植被、水体和野生动植物造成破坏，确保项目对自然环境的整体可持续性。

（2）废弃物管理

有效的废弃物管理是环保型建筑项目不可忽视的方面。在设计阶段，我们应采取措施减少建筑过程中产生的废料，如优化材料使用、实施精准的施工计划等。同时，建筑过程中产生的废弃物应该进行分类处理，有机物、可回收材料等应该被分开收集和处理，以最大限度地提高资源的再利用率。

建筑材料的选择也与废弃物管理密切相关。选择可回收、可再生、环保的建筑材料有助于减少建筑废弃物的总量。此外，设计阶段我们就应该考虑材料的寿命周期，选择耐用且易于维修的材料，减少替换和废弃的频率。

2.环保性在项目设计中的具体策略

（1）选择环保材料

详细介绍如何在项目设计中选择环保材料，包括可再生材料、回收材料等。

（2）建筑节水与废弃物减量

强调项目设计中如何通过采用节水设备、建立雨水收集系统等手段，实现建筑的节水和减少废弃物的目标。

三、能源效益评估

（一）建筑能耗模拟

1. 方法原理与应用

建筑能耗模拟是一项基于先进计算机模型的高度专业工具，旨在通过精密的数值模拟揭示建筑在各种条件下的能源消耗情况。其原理深深根植于建筑热传导、空气流动和热辐射等多方面因素中，运用数学模型精准模拟建筑的热性能，从而为项目提供全面的节能建议。

首先，有限元法是建筑能耗模拟的一种关键方法。这一方法通过分割建筑结构小块，然后对每个小块进行温度分析，从而精确地描述建筑内部温度分布。有限元法的优势在于其对建筑结构进行细致划分，从而更准确地捕捉建筑的热性能，使项目团队能够深入了解不同季节和气候条件下建筑的能源消耗情况。

其次，计算流体力学（CFD）是建筑能耗模拟领域中的另一项重要工具。CFD 模拟了空气流动对建筑能效的影响，通过数值方法分析了气流的速度、方向和温度分布，为项目团队提供了关键信息。通过 CFD 模拟，我们可以识别建筑中潜在的热点区域，从而优化通风系统设计，提高能源利用效率。

再次，热舒适性模拟在建筑设计中占据着重要地位。考虑到人体对温度的感知，热舒适性模拟通过模拟人体在不同环境条件下的感受，为建筑提供了在不同气候条件下的人体舒适度评估。这有助于项目团队调整空调系统、设计合适的隔热材料，从而提升建筑的整体热舒适性。

最后，建筑能耗模拟的应用不仅仅局限于项目规划和设计阶段。随着建筑技术的不断发展，模拟分析也成为建筑维护和改进的有力工具。通过模拟建筑在不同时间段和使用条件下的能源消耗，项目团队可以制定更有效的能源管理策略，延长建筑的使用寿命，降低运营成本。

2. 优化建筑设计的途径

第一，建筑能耗模拟在项目规划和设计中的应用是优化建筑设计的首要途径。通过数值模拟建筑在不同条件下的能源消耗情况，项目团队可以深入了解设计方案在能源利用方面的表现。优化建筑设计的核心目标是提高整体能效，减少能源浪费，降低对环境的影响。

第二，建筑朝向的调整是一项关键的设计优化策略。能耗模拟可以评估建筑在不同朝向下的能源利用效果，从而确定最佳朝向以最大程度地利用自然光和热量。优化朝向，可以减少对人工照明和供暖系统的依赖，提高建筑的整体能效。

第三，遮阳措施是另一个重要的设计优化方向。通过模拟分析建筑在不同遮阳条件下的能耗情况，项目团队可以确定最佳遮阳设计，以减少夏季高温对建筑的热影响，降低空调系统的负荷。合理的遮阳设计不仅可以提高室内舒适度，还能有效地减少能源消耗。

第四，改善建筑的保温性能也是优化设计的重要一环。建筑能耗模拟可以评估不同保温材料和技术的效果，为项目团队提供科学依据，以选择最适合的保温方案。提高建筑的保温性能，可以减少冬季供暖需求，降低能源消耗，达到节能的效果。

第五，建筑能耗模拟可以用于评估新兴技术的效果，为项目团队提供选择最适合项目需求的技术的决策支持。例如，太阳能光伏板和智能建筑控制系统等技术的模拟应用可以揭示它们在不同条件下的能源性能。通过模拟分析，项目团队可以选择最具效益的技术，实现最大的节能效果。

第六，建筑能耗模拟不仅仅局限于项目规划和设计阶段，它还可以在建筑运营和维护阶段发挥作用。定期的能耗模拟分析可以帮助项目管理团队检测建筑的实际能源消耗情况，及时发现问题并采取相应的优化措施。这种持续的模拟分析可以确保建筑在整个生命周期内保持高效的能源利用水平。

（二）能源评价工具

1. 常用能源评价工具

首先，LEED（领导能源与环境设计）是国际上广泛应用的建筑能源评价工具之一。LEED 通过制定一系列评估标准和准则，对建筑的可持续性进行评估，涵盖了能源效益、水资源利用、材料选择、室内环境质量等多个方面。LEED 认证系统分为不同级别，根据得分，建筑可以获得基础认证、银级、金级或白金级认证，这为项目提供了全球通用的可持续发展评价体系。

其次，BREEAM（建筑环境评估方法）是源自英国的另一种常用能源评价工具。BREEAM 评估建筑的环境性能，包括能源使用、生态系统、管理与创新等方面。与 LEED 类似，BREEAM 也根据不同的级别颁发认证，为建筑提供了综合性的可持续性评估，有助于项目团队制定全面的环保和能效策略。

最后，Green Star 是一种广泛应用于澳大利亚和新西兰的建筑评价工具，用于衡量建筑的环境可持续性。Green Star 关注的领域包括能源和排放、水资源管理、室内环境质量、创新等多个方面。通过 Green Star 认证，建筑可以获得星级评级，反映其在可持续性方面的综合表现。

2.LEED 的应用与效果

首先，LEED（领导能源与环境设计）的应用对建筑行业起到了推动可持续发展的关键作用。LEED 的评价体系不仅仅关注建筑的设计阶段，还覆盖了施工和运营等全生命周期的多个方面。通过对建筑项目的多维度评估，LEED 鼓励采用创新技术和最佳实践，从而推动了整个建筑行业向更加环保、能效和可持续的方向发展。

其次，LEED 评级系统的四个级别（认证、银、金、白金）为项目提供了明确的能源效益指导。这种分级制度不仅有助于建筑项目团队设定可持续性目标，也为业主、投资者和用户提供了一个直观的了解建筑可持续性水平的标准。通过追求更高的 LEED 级别，项目团队被激励去实现更高水平的能源效益，进而提高建筑的整体可持续性。

在 LEED 的应用过程中，节能是一个核心关注点。建筑能源效益的提高直接影响到 LEED 评级的提升。项目团队通常会采用一系列手段，如优化建筑朝向、改善保温性能、采用高效设备等，来最大限度地减少能源消耗。这不仅有助于减少环境影响，还可以降低建筑的运营成本，提高长期可持续性。

LEED 还着重关注可再生能源的应用。通过采用太阳能、风能等可再生能源，建筑可以减少对传统能源的依赖，降低温室气体排放，实现更加环保的能源供应。LEED 的应用鼓励项目团队考虑和采纳这些新兴的能源技术，从而在能源方面取得更为卓越的成就。

再次，LEED 的应用对水资源管理也起到了积极的作用。建筑在设计和运营阶段需要采取措施，以最小化对水资源的消耗。这可能包括收集雨水用于灌溉、采用低流量水龙头和节水设备等。通过 LEED 的评估，项目团队得以了解和优化水资源管理的各个方面，这进一步提高建筑的可持续性。

第四，LEED 的应用在建筑行业产生了明显的效果，不仅在技术和设计上推动了创新，也提高了社会对可持续发展的认知。LEED 认证不仅仅是对项目的认可，更是对可持续发展理念的倡导，为行业树立了一个积极的榜样。越来越多的建筑项目选择采用 LEED 标准，这进一步推动了建筑行业向低碳、环保、可持续的方向发展。

（三）在项目规划和设计中的作用

1. 建筑能耗数据支持与决策制定

（1）建筑能耗模拟分析的科学基础

在建筑项目规划和设计的早期阶段，能源效益评估通过建筑能耗模拟等科学方法提供了丰富的数据支持。建筑能耗模拟以建筑热传导、空气流动和热辐射等因素为基础，通过数学模型精确模拟建筑的热性能，为项目团队提供了科学可靠的数据。

（2）数据支持对项目决策的影响

这些数据的存在使项目团队能够更好地了解建筑的能源需求和潜在的节能空间。通过分析建筑在不同条件下的能源消耗情况，项目团队可以在规划和设计阶段制定决策，确保设计方案在可持续性和能源效益方面的卓越性。

（3）决策科学依据的重要性

能源效益评估为项目提供了科学依据，使得项目决策更为明智和可持续。项目团队可以基于模拟结果优化建筑形态、立面设计、材料选择等，以实现最佳的能源效益。这不仅有助于降低运营成本，还确保了项目在环保和可持续性方面的卓越表现。

2. 建筑项目制定切实可行的节能目标

（1）早期能源效益评估的目标制定

在项目规划和设计的早期，能源效益评估为项目团队提供了一个制定切实可行的节能目标的机会。通过分析建筑的能源需求和潜在的节能措施，项目团队能够在项目初期确立明确的节能目标，为项目的可持续性发展奠定基础。

（2）综合考虑建筑形态、系统选择和材料性能

制定节能目标涉及对建筑形态、系统选择和材料性能的全面考量。通过早期的能源效益评估，项目团队能够综合考虑这些因素，确保节能目标既切实可行又符合项目的实际需求。

（3）节能目标的综合效益

这些节能目标不仅有助于降低建筑运营成本，还有利于提高项目的环保形象和社会责任感。通过制定切实可行的节能目标，项目团队不仅满足了环保法规的要求，还在市场中赢得了可持续发展的声誉，为项目的长期成功打下了基础。

3. 选择合适的建筑系统和技术

（1）能源效益评估指导技术选择

早期的能源效益评估为项目团队提供了指导，使其能够选择合适的建筑系统和技术。通过

对不同技术方案的模拟分析，项目团队可以评估其在实际应用中的效果，帮助其做出明智的决策，最大化能源效益。

（2）科学模拟分析的优势

模拟分析的科学性使得项目团队能够在尚未实际应用新技术之前，对其效果进行全面评估。这为项目提供了降低技术风险的机会，确保所选择的建筑系统和技术在实际应用中能够取得预期的能源效益。

（3）技术选择对项目的综合影响

通过能源效益评估选择的建筑系统和技术直接影响到项目的综合能源效益。科学的模拟分析为项目团队提供了客观的依据，使其能够更好地权衡不同技术方案的优缺点，为项目的可持续性发展提供了有效的支持。

4. 推动可持续建筑发展

（1）先进能源评价工具的应用

在建筑项目中采用先进的能源评价工具和建筑能耗模拟技术，为项目提供了有价值的经验和范例。项目团队通过这些工具的应用，为行业提供了先进的可持续设计实践，推动了整个建筑行业向更加环保、能效的方向迈进。

（2）建筑行业可持续发展的引领者

通过在项目中采用 LEED 等评级体系，项目团队成为行业可持续发展的引领者。LEED 作为一种全球通用的可持续发展评价体系，通过在项目中的应用，项目团队为整个行业树立了可持续设计和建筑实践的榜样。

（3）行业经验的积累

通过在不同项目中的应用，项目团队积累了丰富的经验，形成了一套可持续发展的最佳实践。这些经验不仅有助于单个项目的成功，更为整个建筑行业提供了宝贵的经验和教训，推动了行业的可持续发展。通过分享这些经验，项目团队可以为其他项目提供指导，促进整个建筑行业向更加环保和能效的方向不断进步。

（4）社会责任感的彰显

建筑项目规划和设计阶段的能源效益评估，使得项目团队更加注重社会责任感。通过推动可持续建筑发展，项目团队在社会中的形象更为正面。社会对环保的关注日益增加，建筑行业通过应用先进的能源评价工具和采用可持续设计实践，不仅满足了市场的需求，还为社会的可持续发展贡献了一份力量。

项目三　社会责任与可持续项目

一、社会责任理念

（一）建筑项目的社会责任

1. 社会责任的定义与重要性

社会责任是指企业在经济活动中，对社会、环境和利益相关方承担的义务和责任。在建筑项目中，社会责任的实践不仅是一种法律义务，更是建立良好企业形象、促进可持续发展的关键。建筑项目应当在项目全生命周期内考虑社会责任，包括设计、建造、运营和退役阶段。

2.社会责任的体现方式

社会责任在建筑项目中的体现可以包括但不限于以下几个方面：

（1）环保实践

通过采用绿色建筑设计和可持续建筑材料，减少对环境的负面影响。

（2）社区参与

与当地社区建立积极的合作关系，倾听居民需求，提供就业机会，开展社区活动。

（3）员工关怀

给员工提供良好的工作环境、培训机会和职业发展，确保员工的福祉。

（4）安全管理

采取一系列措施保障工人的安全，减少工程事故的发生。

（5）技术创新

投入研发力量，推动建筑行业技术创新，降低能源消耗、提高建筑效能。

3.建筑项目对社会的贡献

建筑项目对社会的贡献可以从多个方面展开：

（1）经济发展

通过项目的实施，为当地经济注入资金，创造就业机会，促进相关产业的发展。

（2）基础设施建设

建筑项目的实施通常伴随着基础设施的建设，提高社区的生活质量。

（3）文化传承

在建筑设计中融入当地文化元素，促进文化传承与交流，为社会提供丰富的文化体验。

（4）社会服务

通过社区参与项目，为居民提供社会服务，满足社区的特殊需求。

（二）社会责任与企业文化

1.社会责任融入企业文化的定义

社会责任融入企业文化是指企业将社会责任理念纳入公司的核心价值观、行为准则和工作方式中。这种融合不仅是一种外在形象的展示，更是内部管理、员工培养和企业决策的指导原则。

2.企业文化对项目社会责任履行的引导作用

（1）价值观的体现

公司价值观是企业文化的核心，若价值观中包含社会责任，项目团队将在每一个决策中体现对社会的责任感。例如，若价值观强调环保，项目将更加注重可持续建筑设计。

（2）员工教育与激励

企业文化通过培养员工的社会责任观念，激励员工在项目中更积极地履行社会责任。员工了解企业文化，能更好地将其体现在实际工作中。

（3）决策指导

企业文化对决策的指导作用使得项目团队更加注重社会责任。企业文化中的长期导向将使项目决策更加考虑社会的长期利益。

3. 企业文化对项目可持续发展的影响

企业文化的社会责任引导：企业文化是企业内部的一种行为准则，若企业文化强调社会责任，项目团队在决策中会更加注重项目对社会的影响。企业文化对于塑造企业形象和品牌建设具有深远的影响。

（1）员工培训与社会责任

企业文化通过员工培训和激励机制，塑造员工的社会责任观念。员工在企业文化的熏陶下，更有可能在项目中主动履行社会责任，从而促进项目的可持续发展。

（2）决策制定中的社会责任权衡

企业文化对决策的引导作用体现在如何权衡社会责任与经济效益之间的关系上。在企业文化强调社会责任的情况下，项目团队会更倾向于选择对社会和环境友好的决策，以实现可持续的企业发展。

（3）企业文化与社会参与

企业文化将社会责任融入企业的日常运营，通过积极参与社会活动、慈善事业等，展现企业对社会的关注，进而影响项目团队在社会责任方面的决策。

二、社会参与沟通

（一）建筑项目的社会参与

1. 社会参与的定义与范围

首先，社会参与可以被理解为建筑项目与社会各界之间建立联系、互动并积极参与社会事务的一种过程。这种参与不仅仅是项目在特定社区内进行服务，更涉及对公益活动的支持及对地方文化的积极参与。社会参与不同于传统的建筑项目实施，它注重项目的社会影响和可持续发展，强调与社会共同发展的理念。

其次，社会参与的范围非常广泛，不仅仅包括了在项目所在社区内的服务，还包括了对社会事务的深度介入。在社区服务方面，建筑项目可以通过提供基础设施、改善居住条件等方式直接造福社区居民。此外，社会参与还包括对公益活动的支持，例如资助教育项目、参与环保活动等，为社会做出积极的贡献。在支持地方文化方面，建筑项目可以通过融入当地文化元素、保护历史遗迹等方式，促进文化的传承与发展。

再次，社会参与是建筑项目实现社会责任的一种具体表现。在当代社会，企业和项目不仅要追求经济效益，还需要履行社会责任。社会参与作为社会责任的具体实践，通过与社会各界的深度合作，实现了企业对社会的回馈。通过社区服务、公益活动和文化支持，建筑项目能够为社会创造更多的价值，树立企业良好的社会形象。这不仅有助于企业的可持续发展，也为社会的进步贡献了力量。

最后，社会参与的过程需要建立起有效的沟通机制与合作关系。项目方需要与社区居民、政府部门、非政府组织等多方面建立紧密联系，充分了解社会需求，协调项目实施过程中可能涉及的各种利益关系。通过建立良好的合作关系，建筑项目能够更好地融入社会环境，实现项目与社会共同发展的目标。

2. 社区服务的实践与意义

（1）社区服务项目

建筑项目可以通过开展社区服务项目，如修缮当地学校、修建公园等，以实际行动向社区传递关怀和支持。

（2）意义

社区服务不仅提升了社区的基础设施水平和生活质量，同时增强了项目在社区中的形象，为企业树立了良好的社会责任形象。

3. 公益活动的策划与执行

（1）公益活动策划

通过组织公益活动，如环保讲座、健康义诊等，建筑项目可以向社区居民提供实用信息，同时提高项目在社区的知名度。

（2）执行过程

详细介绍项目团队与当地社区协作，共同策划和执行公益活动的过程，确保活动的顺利进行。

4. 社会参与的互动共赢

（1）利益共赢

强调建筑项目通过积极参与社会活动，不仅满足社区的需求，同时也为项目带来了良好的口碑，实现了社会与企业的互动共赢。

（2）可持续合作

探讨建筑项目与社会之间建立起可持续的合作机制，促使项目与社会形成更加紧密的联系。

（二）沟通与利益相关方管理

1. 沟通与项目成功的关系

（1）沟通定义

深入定义沟通，将其视为信息传递和意见交流的过程，强调其在项目成功中的关键作用。

a. 信息传递的重要性

沟通是将信息从一个参与者传递到另一个参与者的过程。信息的清晰传递是项目团队协同工作的基础，涵盖项目目标、计划、风险等方方面面。

b. 意见交流的价值

沟通不仅仅是信息的传递，还包括各方之间的意见交流。有效的沟通可以促使团队成员更好地理解彼此的期望、担忧和建议，从而更好地合作。

c. 沟通与协同

沟通是协同工作的纽带，它使项目团队能够在一个共同的目标下协同努力。团队成员通过沟通共享信息，协调行动，推动项目朝着成功的方向发展。

（2）项目成功的标准

强调在项目中，有效的沟通是实现项目成功的关键因素，需要平衡各方利益：

a. 清晰的项目目标

沟通有助于明确项目目标，确保团队成员对项目愿景有一致的理解。清晰的项目目标是项目成功的第一步。

b. 管理与决策

项目中的风险和需要做出的决策需要及时而清晰地传达给团队成员。有效的沟通可以帮助团队更好地理解和应对项目中的挑战。

c. 管理

项目成功不仅仅取决于任务的完成，还取决于团队内外的关系。沟通有助于建立团队之间的信任和合作，推动整个项目向成功迈进。

2. 利益相关方的界定与分析

（1）利益相关方的界定

深入定义项目中的利益相关方，明确项目涉及的各方利益关系。

a. 政府

作为项目管理的监管方，政府在项目中扮演着重要角色。政府可能关注项目对当地经济、环境和社会的影响，以及项目是否符合法律法规。

b. 业主

业主是项目的直接受益者，其利益与项目的成功紧密相连。业主可能关心项目的进度、质量和预算等方面。

c. 员工

作为项目执行的主要力量，员工的利益关系涉及工作条件、薪酬、职业发展等方面。满足员工需求有助于提高团队士气和维护稳定的工作环境。

d. 社区

社区是项目周边的居民，项目可能对社区产生影响。社区关心项目的环保措施、公共设施建设等，希望项目对社区的发展有积极作用。

（2）分析利益相关方需求

对各利益相关方的需求进行深入剖析，确保项目能够兼顾各方的合理利益。

a. 政府需求分析

分析政府可能对项目提出的法律法规要求，确保项目合规运作，同时通过项目为当地经济和社会做出积极贡献。

b. 业主需求分析

深入了解业主的期望，明确项目目标和交付标准，确保项目能够满足业主的期望，实现共赢。

c. 员工需求分析

通过调研员工的期望和关切，建立良好的沟通机制，提供良好的工作环境和发展机会，增强员工对项目的投入和忠诚度。

d. 社区需求分析

通过与社区居民的互动，了解他们对项目的期望和担忧，采取积极措施减少对社区的负面影响，促进项目与社区的和谐共生。

3. 政府沟通与合规管理

（1）政府关系的建立

在建筑项目中，与政府建立有效的沟通机制是确保项目成功推进的重要一环。

a. 政府关系建设策略

分析当地政府的组织结构、职责划分和决策层次，制定与之对应的关系建设策略。明确与政府相关的部门和人员，建立定期沟通的机制。

b. 信息透明与分享

主动与政府分享项目信息，包括项目计划、进度、环保措施等。通过透明的信息共享，建立良好的信任关系，减少潜在的误解和纠纷。

c. 参与政府活动

积极参与政府组织的相关活动，如社区座谈会、公聚会等。通过这些渠道，了解政府对建筑项目的关切点，及时回应政府的疑虑，提升项目形象。

d. 法规合规咨询

定期咨询政府法规、政策的变化，确保项目始终符合当地法规的要求。建立专业团队负责法规合规事务，提前应对潜在风险。

（2）合规管理

强调项目管理团队需要严格遵守相关法规和政策，确保项目的可持续发展。

a. 法规遵从性

制订并执行项目合规管理计划，明确项目各阶段需要遵守的法规和政策。建立监测机制，确保项目在实施的过程中随时符合当地的法规要求。

b. 政府合作

与政府建立紧密的合作关系，参与制定相关法规政策的讨论与制定过程。通过与政府协调合作，更好地理解并主动适应法规环境的变化。

c. 社会责任履行

主动承担社会责任，积极参与当地社区建设和环保活动。通过社会责任的履行，增强政府对项目的信任感，减少潜在的合规问题。

d. 风险应对与纠正

针对可能存在的合规风险，制订应对计划，并建立迅速纠正问题的机制。及时处理潜在的合规问题，防范不利影响。

4. 业主与项目团队的沟通与合作

（1）业主需求分析

对业主的需求进行深入分析，确保项目团队全面了解业主的期望和要求。

a. 需求调研与访谈

通过调研和深度访谈，详细了解业主的功能需求、设计偏好、预算限制等方面的要求。建立业主档案，这有助于项目团队更好地理解业主的期望。

b. 可行性分析

在明确需求的基础上，进行可行性分析，评估业主的期望是否符合法规、技术可行性及预算的合理性，通过专业意见和数据支持，为业主提供科学的决策依据。

c. 期望管理

建立业主期望管理机制，将期望进行优先级排序，并明确各方责任。这有助于在项目执行过程中更好地处理可能出现的变更请求，保障项目的进展。

（2）沟通与合作机制

建立高效的沟通与合作机制，确保项目团队与业主之间的信息流通畅，项目进展顺利。

a. 沟通平台设立

确定项目团队与业主之间的沟通平台，可以是定期会议、在线沟通工具等。设立专人负责沟通协调，确保信息的及时传递。

b. 问题解决机制

建立业主与项目团队之间的问题反馈和解决机制。业主在项目过程中提出的问题，项目团队应该迅速响应，并提供明确的解决方案，以维护业主的满意度。

c. 阶段性评估

制订阶段性评估计划，对项目进展、成果与业主进行定期评估。通过反馈机制，调整项目方向，确保在整个项目周期内与业主保持紧密的合作关系。

5. 员工参与企业文化的沟通

（1）员工参与计划

针对员工参与，设计详细的计划，旨在激发员工的积极性和创造性，提高工作满意度。

a. 团队建设活动

定期组织团队建设活动，旨在增强团队凝聚力。这些活动可以包括培训课程、团队游戏、座谈会等，通过互动和合作，促进员工之间的良好关系。

b. 意见征集与反馈

通过意见箱、在线平台等渠道，鼓励员工提出建议和反馈。定期进行意见征集，及时回应员工的关切，确保员工参与，感到被重视。

c. 晋升与发展计划

制订晋升和发展计划，明确员工在职业生涯中的晋升路径和发展方向。通过明确的晋升标准，激励员工提高专业技能，为个人和团队的发展做出贡献。

（2）企业文化的传递

深入研究企业文化如何通过沟通方式传达给员工，激发员工对企业社会责任的参与热情。

a. 文化传播手段

使用多种形式的媒体和沟通渠道，如内部通讯、企业社交平台等，向员工传递企业文化。这可以包括企业的核心价值观、使命和愿景等。

b. 文化培训课程

开设企业文化培训课程，引导员工深入理解企业文化的重要性。通过案例分析、讨论和互动，加深员工对企业文化的认知。

c. 社会责任活动

组织参与社会责任活动，让员工亲身体验企业文化的实践。参与公益、环保等活动，培养员工的社会责任感，同时向外界展现企业的社会担当。

三、建筑项目与社区关系

（一）项目对周边社区的影响

1. 影响因素分析

建筑项目对周边社区的影响是一个复杂的多维度问题。影响因素包括：

（1）环境影响

建筑项目对环境的影响是不可避免的，包括：

a. 噪声污染

施工过程中可能产生噪声，影响周边居民的生活。通过科学的噪声控制措施，如设立隔音屏障、合理规划施工时间，可以减轻噪声对环境的影响。

b. 尘土扬尘

施工现场可能产生大量尘土，对周边空气质量产生负面影响。通过喷淋、尘土防护网等手段，可以有效降低扬尘对环境的影响。

c. 交通压力

大型建筑项目可能增加周边交通流量，引起交通拥堵。合理规划施工交通流线、提供临时停车场等措施有助于减缓交通压力。

（2）社会影响

建筑项目对社会的影响主要体现在社区居民需求的变化和社会结构的调整上。

a. 社区需求变化

项目可能导致社区居民对基础设施、公共服务等方面的需求变化。项目管理团队应定期与社区居民沟通，了解他们的需求，并采取相应的改进措施。

b. 社会结构调整

大型建筑项目可能吸引外来人口，导致社区人口结构的调整。这可能对社区的文化、教育等方面产生影响，项目团队应关注社会结构的变化，提供相应的支持和服务。

（3）经济影响

建筑项目对经济的影响涉及就业、房价等方面。

a. 就业机会

建筑项目的施工和运营阶段通常会创造就业机会。项目管理团队应确保招聘公平，为本地居民提供就业机会，推动经济发展。

b. 房价变动

项目可能导致周边房价的变动，可能上涨也可能下降。这需要项目管理团队密切关注房地产市场动态，合理规划项目，避免对房价带来不良影响。

2. 社区需求的合理满足

建筑项目应当重视社区需求，通过合理的规划和项目设计，满足社区居民的合理期望。具体方法包括：

（1）社区参与

社区参与是满足社区需求的关键环节：

a. 座谈会与问卷调查

在项目规划和设计初期，运用组织座谈会、开展问卷调查等形式，积极征求社区居民的意见。通过这些参与方式，可以深入了解社区居民的期望，发现他们对于项目的需求和关切点。

b. 社区代表参与项目决策

鼓励社区选举代表，参与项目的决策过程。这样可以确保社区居民的声音被充分听取，项目的决策更具代表性和民主性。

（2）基础设施建设

合理规划和建设基础设施是满足社区需求的实质性措施。

a. 公园与绿地规划

根据社区居民的生活方式和休闲需求，合理规划公园和绿地。提供儿童游乐区、健身设施等，满足不同年龄层的需求。

b. 学校与医疗设施规划

根据社区居民的人口结构和教育、医疗需求，合理规划学校和医疗设施。确保居民有便利的学校和医疗服务，提高社区的整体生活水平。

（3）社区服务

提供多样化的社区服务是满足社区需求的关键因素。

a. 社区活动中心建设

建设社区活动中心，举办各类文体活动，增强社区凝聚力。通过社区活动，促进居民之间的交流与合作。

b. 图书馆与文化设施建设

建设图书馆、文化艺术中心等文化设施，为社区居民提供学习和娱乐的场所。促进文化交流，提高社区居民的文化素养。

（二）项目与社区建立和谐关系的方法

1. 社会责任与公益活动

积极履行社会责任和参与公益活动是建立和谐关系的关键。具体方法包括：

（1）环保倡议

通过积极参与环保倡议，建筑项目可以增强社区居民对项目的认识：

a. 植树节活动

定期组织植树节活动，邀请社区居民一同参与树木的种植。这不仅能够美化社区环境，还有助于提高居民对于生态保护的关注度。

b. 环保讲座与工作坊

开展环保讲座，邀请专业人士分享环保知识和实用技巧。通过工作坊形式，让社区居民亲身参与环保实践，增进其对环境问题的认识。

（2）健康服务

提供免费健康服务是关注社区居民健康需求的重要手段：

a. 免费健康检查

定期组织免费健康检查活动，为社区居民提供基本的身体健康检查服务。通过合作医疗机构，确保检查的专业性和权威性。

b. 健康讲座和体育活动

举办健康讲座，涵盖健康饮食、心理健康等方面的知识。同时，组织体育活动，如健身课程、运动会等，鼓励社区居民积极参与。

（3）文化交流

通过文化交流活动促进社区文化的繁荣是建立和谐关系的重要组成部分。

a. 文艺演出与艺术展览

定期组织文艺演出，邀请本地艺术家进行演出。同时，举办艺术展览，展示社区居民的艺术才华，激发文化创意。

b. 文化讲座和读书活动

举办文化讲座，探讨历史、文学等主题。开展读书活动，建立社区书屋，为居民提供丰富的文化资源。

2. 透明沟通与信息披露

透明沟通和信息披露有助于建立社区信任。具体方法包括：

（1）定期沟通会议

通过定期沟通会议，建筑项目可以向社区居民介绍项目的最新动态，建立开放的沟通渠道：

a. 社区动态分享

在会议中分享项目的最新进展，包括施工计划、安全措施、社区活动等。通过多媒体展示，直观呈现信息，使社区居民更好地了解项目。

b. 建议和意见征集

在会议中设立专门的环节，鼓励社区居民提出建议和意见。通过互动讨论，促进社区居民与项目团队的有效沟通，使他们感受到参与决策的机会。

（2）信息披露

及时向社区居民公开关键信息，增强信息透明度，建立互信基础：

a. 施工计划公示

将施工计划通过社区公告栏、在线平台等形式公示，明确施工时间、施工区域等关键信息。确保社区居民对项目的施工进度有清晰的了解。

b. 环保措施披露

在项目涉及环保方面，详细披露采取的措施，如废水处理、噪声控制等。透明地展示项目对环境的保护措施，以提升社区居民对项目的信任感。

（3）问题解决

对社区居民的关切和投诉进行积极响应，解决问题，展示项目的责任担当。

a. 投诉反馈机制

设立投诉反馈渠道，接受社区居民的投诉，并及时回应。建立快速响应机制，解决问题，维护社区居民的权益。

b. 责任担当展示

在解决问题的同时，突出项目的责任担当，通过公开宣传和社区活动，展示项目团队对社区居民关切的积极回应，加强社区居民对项目的信任。

思考题

1. 在项目一中，环保法规与标准是影响可持续施工的重要因素。思考一下，项目团队如何确保在项目中遵守环境法规与标准，并能否分享一些在实施过程中解决法规遵从性挑战的经验？

2. 在项目二中，绿色建筑设计原则对于可持续建筑至关重要。思考一下，采用绿色建筑设计原则如何促进节能施工技术的应用？能否提供一些成功案例或最佳实践，说明如何在设计阶段就考虑节能和环保因素？

3. 在项目三中，社会责任理念被认为是可持续建筑的一个关键方面。思考一下，项目团队如何将社会责任理念融入项目中，并与社区建立积极的关系？能否分享一些成功的社会责任实践经验？

4. 考虑到能源效益评估在绿色建筑设计中的重要性，思考一下在项目中如何进行全面的能源效益评估，以确保施工技术和设计方案达到预期的环保和经济效益？

5. 项目一、项目二和项目三中都提到了社会责任与环保的关系。思考一下，如何在整个项目周期中保持对社会责任的关注，以及在不同阶段如何调整策略以适应不断变化的社会和环境要求？

参考文献

[1] 陈弼 . 分析水电安装施工监理的有效控制 [J]. 低碳世界，2017（16）：135—136.

[2] 姚武杰，余裕群 . 浅析建筑水电暖安装工程技术管理 [J]. 建材与装饰，2017（16）：182—183.

[3] 王婧婧，闫振东 . 建筑水电安装工程质量控制和安全监理 [J]. 城市建设理论研究（电子版），2017（03）：84—85.

[4] 刘希翔 . 试论建筑水电安装施工管理及质量控制措施 [J]. 建材与装饰，2017（01）：7—9.

[5] 刘国霞 . 高层建筑水电安装的施工技术问题探讨 [J]. 中国高新技术企业，2017（12）：203—204.

[6] 葛国军 . 建筑工程水电暖通安装施工技术研究 [J]. 建材与装饰，2017（24）：198—199.

[7] 罗顺 . 对建筑水电安装施工技术要点的研究 [J]. 中国高新技术企业，2014（06）：83—84.

[8] 钱卫华 . 浅析建筑工程中水电安装施工质量控制监理研究措施 [J]. 华东科技（学术版），2015（09）：70—72.

[9] 田长青 . 高层建筑水电安装施工技术要点研究 [J]. 低碳世界，2015（19）：226—227.

[10] 黄成武 . 建筑工程深基坑支护施工工艺探究 [J]. 江西建材，2016（06）：78—79.

[11] 商钰 . 浅谈建筑工程深基坑内支撑支护施工工艺 [J]. 居业，2016（05）：96—97.

[12] 刘艳艳 . 试析建筑工程深基坑内支撑支护施工工艺 [J]. 科技展望，2015（07）：32—33.

[13] 王静 . 关于高速公路工程的高填方路基施工技术 [J]. 中外企业家，2020（06）：142—143.

[14] 张坤 . 高速公路软基的高填方路基施工技术 [J]. 科学技术创新，2019（35）：110—111.

[15] 曲广琇 . 高速公路软基地段高填方路基施工技术 [J]. 交通世界，2019（26）：101—102.

[16] 李豪 . 高填方路基施工技术在巴通万高速公路中的应用 [J]. 延安职业技术学院学报，2019，33（05）：103—105.

[17] 吴体，肖承波，淡浩，马杰 . 装配式混凝土建筑构件进场检验的分析与探讨 [J]. 四川建筑科学研究，2018，44（05）：128—132.

[18] 黄新，范玉，刘成龙 . 南通政务中心停车综合楼项目预制混凝土构件模具技术研究 [J]. 施工技术，2018，47（20）：32—35.

[19] 彭娟 . 浅谈装配式混凝土结构建筑工程施工安全风险因素及管理 [J]. 民营科技，2018（10）：209—210.

[20] 李彦苍，刘筱玮 . 基于蚜虫算法的预制装配式混凝土框架结构可靠性分析 [J]. 煤炭工程，2018，50（10）：167—172.

[21] 王明海 . 房屋建筑工程软土地基处理技术分析 [J]. 江西建材，2018（8）：174，176.

[22] 王中旗，树文韬，王晓东 . 软土地基处理技术在房屋建筑工程中的应用 [J]. 中国建筑金属结构，2018（6）：104—105.

[23] 刘艳孝，马德龙 . 建筑工程中软土地基的施工技术分析 [J]. 中国标准化，2018（24）：48—49.

[24] 陈孟海 . 对建筑工程中软土地基施工技术的研究体会 [J]. 智能城市，2018，4（15）：104—105.

[25] 杨建平 . 刍议建筑工程施工中的软土地基处理技术 [J]. 江西建材，2017（03）：100—104.

[26] 宋晖 . 浅谈建筑工程中软土地基的处理技术 [J]. 建材与装饰，2017（04）：38—39.

[27] 郭发丽 . 建筑工程中软土地基处理技术探讨 [J]. 建材与装饰，2017（22）：26—27.

[28] 滕飞 . 建筑工程中软土地基的处理技术探微 [J]. 建材与装饰，2017（46）：17—18.